Formulargestaltung in SAP® HCM

PDF-Formulare mit HR FORMS erstellen

Wolf Kanngießer

Willkommen bei Espresso Tutorials!

Unser Ziel ist es, SAP-Wissen wie einen Espresso zu servieren: Auf das Wesentliche verdichtete Informationen anstelle langatmiger Kompendien – für ein effektives Lernen an konkreten Fallbeispielen. Viele unserer Bücher enthalten zusätzlich Videos, mit denen Sie Schritt für Schritt die vermittelten Inhalte nachvollziehen können. Besuchen Sie unseren YouTube-Kanal mit einer umfangreichen Auswahl frei zugänglicher Videos:

https://www.youtube.com/user/EspressoTutorials.

Kennen Sie schon unser Forum? Hier erhalten Sie stets aktuelle Informationen zu Entwicklungen der SAP-Software, Hilfe zu Ihren Fragen und die Gelegenheit, mit anderen Anwendern zu diskutieren:

http://www.fico-forum.de.

Eine Auswahl weiterer Bücher von Espresso Tutorials:

- Ulrich Bähr, Axel Treusch: Praxisbuch SAP® Interactive Forms und Adobe LiveCycle Designer *http://5158.espresso-tutorials.de*
- Marcel Schmiechen: Adobe® Interactive Forms – Interaktive Formulare in SAP® *http://5125.espresso-tutorials.com*
- Corinna Zollmann: Praxishandbuch SAPscript für SAP® ERP *http://5075.espresso-tutorials.com*
- Martin Munzel & Jörg Siebert: Schnelleinstieg in SAP® *http://5006.espresso-tutorials.com*
- Antje Kunz: SAP® Legacy System Migration Workbench (LSMW) *http://5030.espresso-tutorials.com*
- Dr. Boris Rubarth: Schnelleinstieg in ABAP® *http://5033.espresso-tutorials.com*
- Thomas Stutenbäumer: SAP® Praxishandbuch ABAP Teil 1 – Konzeption, Entwicklung und Debugging *http://5046.espresso-tutorials.com*
- Thomas Stutenbäumer: SAP® Praxishandbuch ABAP Teil 2 – Performance, Erweiterungen, Transportwesen *http://5111.espresso-tutorials.com*

Bibliografische Information der Deutschen Bibliothek
Die Deutsche Bibliothek verzeichnet diese Publikation in der Deutschen Nationalbibliografie; detaillierte bibliografische Daten sind im Internet über http://dnb.ddb.de abrufbar.

Wolf Kanngießer
Formulargestaltung in SAP® HCM – PDF-Formulare mit HR FORMS erstellen

ISBN: 978-3-960128-88-5

Lektorat: Anja Achilles

Korrektorat: Stefan Marschner

Coverdesign: Philip Esch

Coverfoto: fotolia #162904673 | 5second

Satz & Layout: Johann-Christian Hanke

1. Aufl. 2017, Gleichen

URL: *www.espresso-tutorials.de*

Feedback:
Wir freuen uns über Fragen und Anmerkungen jeglicher Art. Bitte senden Sie diese an: *info@espresso-tutorials.com*.

Inhaltsverzeichnis

Vorwort

Seit Jahren bin ich als SAP-Berater in Projekten aus dem Umfeld des Personalwesens/HCM unterwegs. Ein wichtiger Fokus liegt dabei auf dem Erstellen von Formularen in den Bereichen der Abrechnung und Personaladministration. Formulare der neueren Generation sind im PDF-Format und dadurch gekennzeichnet, dass es für ihre Erstellung mit den aktuellen Formulareditoren eine im Vergleich zu älteren Editoren erheblich größere Gestaltungsvielfalt gibt. Wer sich hier einarbeiten und Anpassungen an Formularen selbst durchführen möchte, benötigt eine Anleitung.

Dieses Buch richtet sich an diejenigen im SAP-HCM-Umfeld, die mit Daten aus SAP Formulare erstellen oder diese anpassen wollen.

Wer wird von diesem Buch profitieren?

In erster Linie spreche ich Mitarbeiter der Personalabteilungen und SAP-HCM-Betreuer an, die als Erste mit dem Formular im modernen Design »konfrontiert« sind. Konfrontiert deswegen, weil die Softwarehäuser PDF als das Format der Zukunft entdeckt haben und auch bei speziellen Formularen eine Wartung und jeglichen Service ausschließlich auf das PDF-Format bezogen in Aussicht stellen.

Ein Formular zu erstellen, ist keine Kleinigkeit. Jedes Formular sollte als Projekt geplant und durchgeführt werden. Ich werde Ihnen in den nachfolgenden Kapiteln die wichtigsten Funktionen innerhalb der Transaktion HR FORMS vermitteln. Darauf aufbauend beschreibe ich anschließend, wie man ein eigenes Formular erstellt. Nutzen Sie die Beschreibungen zur Vorgehensweise und die verwendeten Techniken gern als Basis für Ihr eigenes Projekt.

Was Sie erwartet

Dies ist ein besonderes Buch, weil Sie es als Nachschlagewerk und/oder Anleitung verwenden können, wenn Sie im Bereich der Formulargestaltung in SAP arbeiten. Natürlich können Sie auch Google fragen; allerdings werden Sie hier meist nur auf Entwicklerforen treffen, die Unterstützung für die Umsetzung bestimmter technischer Anforderungen suchen.

Sie können es in Ruhe durchlesen, sollten dabei allerdings am besten an einem SAP-System sitzen, wo Sie das Gelesene direkt nachvollziehen bzw. selbst ausprobieren können. Oder Sie haben ein aktuelles Problem und gehen über das Stichwortverzeichnis in das entsprechende Kapitel. Viele Tipps und Hinweise sollen Ihnen helfen, ein grundlegendes Verständnis für die Funktionen in HR FORMS aufzubauen und somit bei Ihrer täglichen Arbeit sehr viel Zeit zu sparen.

Danksagung

Dank geht an meinen Arbeitgeber KWP INSIDE HR GmbH, der es mir ermöglicht hat, dieses Buch zu erstellen.

Auch geht ein Dank an Ulrich Bähr, Co-Autor des Buches »Praxisbuch SAP® Interactive Forms und Adobe® LiveCycle Designer«, bei dem ich auch einmal Kursteilnehmer war und der den Kontakt zum Verlag hergestellt hat.

Und natürlich danke ich meiner Frau, Renate Feder, die mich bei der Erstellung des Buches immer wieder unterstützt und motiviert hat.

Im Text verwenden wir Kästen, um wichtige Informationen besonders hervorzuheben. Jeder Kasten ist zusätzlich mit einem Piktogramm versehen, das diesen genauer klassifiziert:

Hinweis

Hinweise bieten praktische Tipps zum Umgang mit dem jeweiligen Thema.

Beispiel

Beispiele dienen dazu, ein Thema besser zu illustrieren.

Warnung

Warnungen weisen auf mögliche Fehlerquellen oder Stolpersteine im Zusammenhang mit einem Thema hin.

Übungsaufgabe

Übungsaufgaben helfen Ihnen, Ihr Wissen zu festigen und zu vertiefen.

Zum Abschluss des Vorwortes noch ein Hinweis zum Urheberrecht: Sämtliche in diesem Buch abgedruckten Screenshots unterliegen dem Copyright der SAP SE. Alle Rechte an den Screenshots hält die SAP SE. Der Einfachheit halber haben wir im Rest des Buches darauf verzichtet, dies unter jedem Screenshot gesondert auszuweisen.

1 PDF-Printformulare in SAP HCM

In der Personalabteilung – egal, ob die Gehaltsabrechnung, Personalentwicklung oder das Reisekostenmanagement betreffend – haben wir es immer mit Formularen zu tun, die von einem Report aus SAP HCM heraus erstellt werden. SAP stellt hierfür viele Vorlagen bereit, die sich im Laufe der Jahre inhaltlich wenig, gestalterisch aber umso mehr verändert haben. Diese Formulare stelle ich Ihnen in diesem Kapitel kurz vor.

Jeder kennt das alte Entgeltnachweisformular in SAPScript oder das Reisekostenformular in SmartForms. Nun kommt als »modernes« Format das Portable-Document-Format, kurz PDF hinzu. Seit 2002 arbeitet SAP mit Adobe daran, Anwendern im SAP-System dafür passende Formularvorlagen bereitzustellen. Um diese an unsere spezifischen Anforderungen anpassen zu können, müssen wir sehr viele Funktionen im Formulareditor kennenlernen und im Bereich der Datenbereitstellung noch einiges dazulernen.

In diesem Buch geht es in erster Linie um die Formularerstellung und -bearbeitung in SAP HCM und erst in zweiter Linie um das Werkzeug *Adobe LiveCycle Designer (ALD)*.

Wir werden uns überwiegend in der *Transaktion HR FORMS* bewegen. Hier können wir SAP-Standardformulare wie den Entgeltnachweis, den Zeitnachweis oder auch das Lohnjournal als Grundlage für ein firmenspezifisch angepasstes Formular kopieren und weiter bearbeiten. Auch können wir in dieser Umgebung eigene Formulare bauen. Hierzu wird es in Kapitel 5 die Möglichkeit geben, uns ein eigenes Mitarbeiterprofil zu erstellen.

In HR FORMS werden die etwas erfahreneren Anwender, die sich schon einmal mit dem Editor in *SmartForms* versucht haben, Ähnlichkeiten zwischen diesen beiden Editoren feststellen. So greifen beispielsweise im Bereich der Datenbereitstellung und -bearbeitung sowohl der Adobe LiveCycle Designer als auch SmartForms auf die gleichen Funktionen zu. Von dieser Vorerfahrung können Sie natürlich profitieren und einige Kapitel außer Acht lassen. Doch hat sich hier in den letzten Jahren viel getan: Ein Blick in die nachfolgenden Kapitel kann also nicht schaden.

Unterschied Adobe/LifeCycle Designer und SmartForms

Wenn Sie mit SmartForms gearbeitet haben, wissen Sie, dass Sie die Möglichkeit haben, aus dem Formulareditor heraus mittels Programmierung Daten bereitzustellen. Auf diese Weise können Sie im SmartForms-Formular Funktionen anstoßen, wie z. B. über eine Tabelle »loopen« und Werte aus der Tabelle in das Formular einfügen. Beachten Sie bitte, dass der Adobe LiveCycle Designer diese Funktionen nicht bietet. Hier müssen Sie die Daten, die Sie benötigen, entweder über das InfoNet, Scripting im Formular oder über Programmierungen in der Schnittstelle bereitstellen.

HR FORMS hat zudem seine Tücken. Sich hier richtig zu bewegen, ist schon eine Kunst: aktivieren hier, sichern da, dort kann man etwas einschieben, an einer anderen Stelle nicht. Ich kann Ihnen nicht jedes Detail erklären, das würde den Rahmen sprengen. Aber wenn Sie das Buch aufmerksam lesen, werden Sie »Ihr« Formular sicher bauen können. Der ein oder andere Tipp hilft hierbei mit Sicherheit und erspart Ihnen manchen Frust.

Ich hatte diesen Frust vor langer Zeit, und auch heute noch kann es mir passieren, dass ich an einem Formular fast verzweifle. Aber am Ende habe ich es doch immer hinbekommen, und Sie schaffen das sicherlich auch.

Technische Voraussetzungen

Zunächst benötigen Sie die entsprechenden technischen Voraussetzungen:

Ihre Basisadministration hat den Adobe Document Service (ADS) konfiguriert, ein Java-Stack ist bereitgestellt, und der Adobe LiveCycle Designer wurde lokal auf Ihrem Rechner installiert.

Technische Voraussetzungen

- Der ADS ist ein Bestandteil der SAP-NetWeaver-Plattform und muss »nur« konfiguriert werden – eine Herausforderung, auf die sich Ihre SAP-Basisadministration sicher schon freut.
- Der Java-Stack ist Grundvoraussetzung für das Arbeiten mit dem Adobe LiveCycle Designer.
- Der Adobe LiveCycle Designer kann im »SAP Marketplace« heruntergeladen werden. Es muss die richtige Installationsdatei verwendet werden (Install_All), weil während der Installation auch Anpassungen des lokalen SAP Clients (SAP GUI) vorgenommen werden müssen.
- Außerdem benötigen Sie einen speziellen Drucker, der über die erforderlichen Druckertreiber verfügt. Sie können den Druckertreiber HPLJ4 verwenden. In den meisten Fällen ist der Drucker »LP01«, der im Standard vorhanden ist, mit diesem oder einem ähnlichen Treiber ausgestattet.

Ihre Berechtigungen auf dem Entwicklungssystem sollten weitreichend sein, was Transaktionen, Personalstammdaten und das Customizing im HCM betrifft.

Sie benötigen diese Berechtigungen unbedingt, da wir später sogenannte *Vorschaudateien* (siehe Abschnitt 5.7) erstellen werden, um die Ergebnisse der Arbeit im Formular schnell überprüfen zu können. Das Druckprogramm ist ein ganz normaler Report mit einer Standard-Berechtigungsprüfung. Fehlt eine Berechtigung, wird kein Formular erstellt.

2 Erste Orientierung in HR FORMS

In diesem Kapitel stelle ich Ihnen die Umgebung der Transaktion HR FORMS vor, in der Sie die verfügbaren Oberflächen und SAP-Standardformulare finden. Diese Vorstellung dient dazu, dass Sie sich im weiteren Verlauf und beim Ausprobieren einzelner Aktionen immer in der richtigen Arbeitsumgebung befinden und die Beispiele nachvollziehen können.

»HR FORMS« steht für einen besonderen Arbeitsplatz im Modul SAP HCM, in dem HR-Formulare als Vorlagen zur Verfügung gestellt werden. Dabei handelt es sich um den Entgeltnachweis, den Zeitnachweis und das Lohnjournal. Diese Formulare unterliegen länderspezifischen Regelungen, die in jedem Fall eingehalten werden müssen. Eigentlich bräuchten wir aus diesen Vorlagen nur das SAP-Logo herauszunehmen, das eigene Firmenlogo einzubauen, und fertig ist das neue Formular. Schauen wir uns dann allerdings das Ergebnis an, entsteht doch ganz schnell der Wunsch, viele Bereiche zu verschönern und das Layout anzupassen.

Das Besondere an der funktionalen Umgebung der Transaktion HR FORMS ist die Tatsache, dass man hier Formulare nicht nur kopieren, sondern auch selbst erstellen kann, ohne dass dafür gleich Programmierkenntnisse gefordert sind!

Hält man sich an die »Spielregeln«, erstellt diese Funktion sowohl das Formular selbst als auch die erforderliche Schnittstelle sowie das Druckprogramm für die Anfertigung und den Ausdruck des Formulars.

Eine geniale Situation für »Nichtprogrammierer«. Hier kann man sich in den Bereichen »Datenbeschaffung« und »Formulargestaltung« so richtig ausleben, ohne auf die Unterstützung eines Programmierers angewiesen zu sein. Bei spezielleren Anforderungen werden Sie jedoch wieder auf den Programmierer zugehen müssen, aber dazu später mehr im Abschnitt 3.6.3.

2.1 Systematik der Transaktion HR FORMS

Über die Transaktion **HR FORMS** gelangen Sie in die Übersicht aller verfügbaren Formulare (siehe Abbildung 2.1).

HR-Formular-Workplace

HR-Formulare: Übersicht

St...	LdGrp	Name HR-Formular	letzter Änderer	ÄndDatum	Änderungszeit	Status...	Status...	Status...	Formularklasse	Layout-Editor	Strukturierung der Stars
	01	SAP_PAYRACC_DE	SAP	21.09.2016	10:21:57	3	3	3	PAYRACC	Form Builder	Flache Struktur
	01	SAP_PAYSLIP_DE		18.02.2010	15:05:13	3	2	3	PAYSLIP	SAP Smart Forms	Geschachtelte Struktur
	01	SAP_PAYSLIP_DE_O		19.10.2016	16:45:22	3	3	3	PAYSLIP	Form Builder	Flache Struktur
	01	SAP_PAYSLIP_DE_P		12.03.2014	12:17:31	3	3	3	PAYSLIP	Form Builder	Flache Struktur
	02	SAP_PAYJNAL_CH		16.09.2009	15:02:03	1	1	1	PAYJNAL	Form Builder	Flache Struktur
	02	SAP_PAYJNAL_CHCE		13.05.2013	10:16:14	3	3	3	PAYJNAL	Form Builder	Flache Struktur
	02	SAP_PAYRACC_CH01		04.12.2006	01:40:27	1	1	1	PAYRACC	Form Builder	Flache Struktur
	02	SAP_PAYRACC_CHCE		19.12.2013	06:55:13	1	1	1	PAYRACC	Form Builder	Flache Struktur
	02	SAP_PAYSLIP_CH		17.07.2013	13:06:40	1	1	1	PAYSLIP	Form Builder	Geschachtelte Struktur
	02	SAP_PAYSLIP_CH03		06.07.2016	18:47:35	3	3	3	PAYSLIP	Form Builder	Geschachtelte Struktur

Abbildung 2.1: Übersicht Formulare

Auf den ersten Blick scheint das eine sehr große, etwas unübersichtliche Menge an Formularen zu sein. Wenn Sie genauer hinsehen, teilt sich das Ganze aber schon einmal nach dem Länderschlüssel LDGRP auf und wird überschaubarer: **01** = Deutschland, **02** = Schweiz usw.

Wenn Sie dann noch die Spalte LAYOUT-EDITOR betrachten, bleibt für Deutschland nur eine Handvoll Formulare im Layout des Form Builders übrig, da hier zwischen den Editoren **Form Builder** und **SAP Smart Forms** unterschieden wird (siehe Abbildung 2.2). So können Sie immer sofort erkennen, um welche Art von Formular es sich handelt.

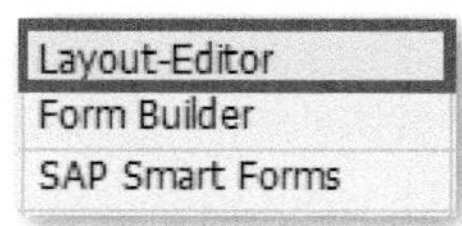

Abbildung 2.2: Layout-Editoren

Form Builder	=	Adobe-Formulare
SAP Smart Forms	=	Smart-Forms-Formulare

In der Auflistung der in HR FORMS verfügbaren Formulare in Abbildung 2.1 finden Sie zudem je ein Formular für das Lohnkonto, den

Entgeltnachweis und das Lohnjournal. Die unterschiedlichen Formulare erkennen Sie an der Formularklasse (Abbildung 2.3).

HR-Formulare: Übersicht

St	LdGrp	Name HR-Formular	letzter Änderer	ÄndDatum	Änderungszeit	S...	S	Status...	Formularklasse	Layout-Editor
	07	SAP_PAYSLP_CA_CE	SAP	13.03.2008	22:51:49	1	1	1	PAYSLIP	Form Builder
	10	SAP_PJ_US_CE_PER	SAP	23.08.2007	07:46:25	1	1	1	PAYJNAL	Form Builder
	10	SAP_PJUSCE_PERAS	SAP	23.08.2007	08:00:28	1	1	1	PAYJNAL	Form Builder
	1[illegible]	SAP_REM_AUCE_MRG	SAP	24.06.2008	14:14:04	1	1	1	PAYSLIP	Form Builder
	1[illegible]	SAP_REM_AUCE_SEP	SAP	24.06.2008	14:17:29	1	1	1	PAYSLIP	Form Builder
	2[illegible]	SAP_SKPLEDGER_JP	SAP	04.08.2008	19:39:30	1	1	1	NONE	Form Builder
	99	SAP_TIM_99_0001	SAP	23.03.2017	18:38:52	3	3	3	TIME	SAP Smart Forms
	99	SAP_TIM_99_0002	SAP	11.04.2013	15:08:51	3	3	3	TIME	SAP Smart Forms
	99	SAP_TIM_99_0003	SAP	15.03.2016	15:16:28	3	3	3	TIME	Form Builder

Abbildung 2.3: Formularklassen in der Übersicht

SAP bietet folgende Formularklassen an:

- Payslip — Entgeltnachweis,
- Time — Zeitnachweis,
- Payjnal — Lohnjournal,
- Garnishment — Pfändung,
- Payracc — Lohnkonto,
- None — Sonstige Formulare.

Im Abschnitt 2.3 gehe ich noch etwas näher darauf ein. Die Klassen für Entgelt- und Zeitnachweis werden am häufigsten eingesetzt; Formulare mit den Klassen »Pfändung« oder »Lohnkonto« sind eher selten.

Zeitnachweis

Wer in der Übersicht, siehe Abbildung 2.3, das Zeitnachweisformular erkannt hat, stellt fest, dass bei diesem Formular der Länderschlüssel »99« verwendet wird, da es für alle Länder gilt. Es können auch mehrere Formularversionen z. B. für den Entgeltnachweis vorhanden sein. Das Änderungsdatum hilft Ihnen, das aktuelle Formular zu finden. Der letzte Änderer sollte dann »SAP« sein.

Wollen Sie ein eigenes Formular für den Entgeltnachweis erstellen, wählen Sie die aktuellste Version als Vorlage aus. Wie man ein Formular richtig kopiert, beschreibe ich in Abschnitt 3.5.

Länderversionen

Die Bereitstellung rechtlich relevanter Formulare ist bei SAP Ländersache! Das bedeutet allerdings nicht, dass für alle Länder ein Formular vorhanden ist. Es kann durchaus passieren, dass ein Entgeltnachweis im Format »Form Builder« für ein Land komplett leer ist oder sehr unvollständig erscheint. In diesem Fall werden die länderspezifischen Anforderungen noch nicht vom Adobe-Format unterstützt. Nachfragen über die ausländische Niederlassung bei der entsprechenden SAP-Vertretung können hier weiterhelfen. Meist wird das Formular dann in SAPScript oder SmartForms bereitgestellt.

Das aktuelle Formular für den Entgeltnachweis ist das Formular **SAP_PAYSLIP_DE_O**. SAP sichert hier die Umsetzung der *Entgeltbescheinigungsverordnung (EBeschV)* zu. Da wir alle wissen, wie viele Änderungen und Anpassungen meist auf solche Verordnungen folgen, sollten Sie bei Verwendung dieses Formulars stets die entsprechenden SAP-Hinweise im Blick behalten.

Dieses Formular lässt sich so, wie es ist, nutzen; Sie tauschen nur das Logo aus und belassen es im Originalnamensraum. Dann werden einige Anpassungen automatisch eingefügt. Wenn Sie viele Hinweise manuell im Formular oder der Schnittstelle einarbeiten müssen, können Sie das Formular auch in den eigenen Z-Namensraum kopieren – die entsprechenden SAP-Hinweise sind entweder per Transaktion **SNOTE** einzuarbeiten oder beinhalten manuelle Nacharbeiten.

SNOTE

Für Änderungen im Formular stellt SAP immer wieder Hinweise bereit, die entweder manuell oder mit der Funktion *SNOTE* in das Formular eingearbeitet werden müssen. In der Transaktion **SNOTE** werden diese Hinweise aufgerufen und können direkt von SAP heruntergeladen werden. Sie können sich diese noch einmal ansehen und automatisch einbauen lassen. Eine sehr praktische Sache, die einem viel Arbeit erspart. Achten Sie darauf, dass es bei manchen SNOTEs nach der automatischen Hinweiseinspielung durchaus noch Anpassungen geben kann, die Sie manuell nacharbeiten müssen.

2.2 Datenangebot im SAP-Standard

Wenn Sie ein Formular markieren und einen Doppelkick ausführen, gelangen Sie in den großen Bereich der Datenbereitstellung mit den im Formular zuvor angelegten Daten. Die entscheidenden Begriffe hier sind:

- MetaNet,
- InfoNet,
- InfoStars,
- Dimensionen,
- Datenfelder.

Für den ersten Einstieg schauen wir uns das SAP-Standardformular SAP_PAYSLIP_DE_O einmal genauer an (siehe Abbildung 2.4).

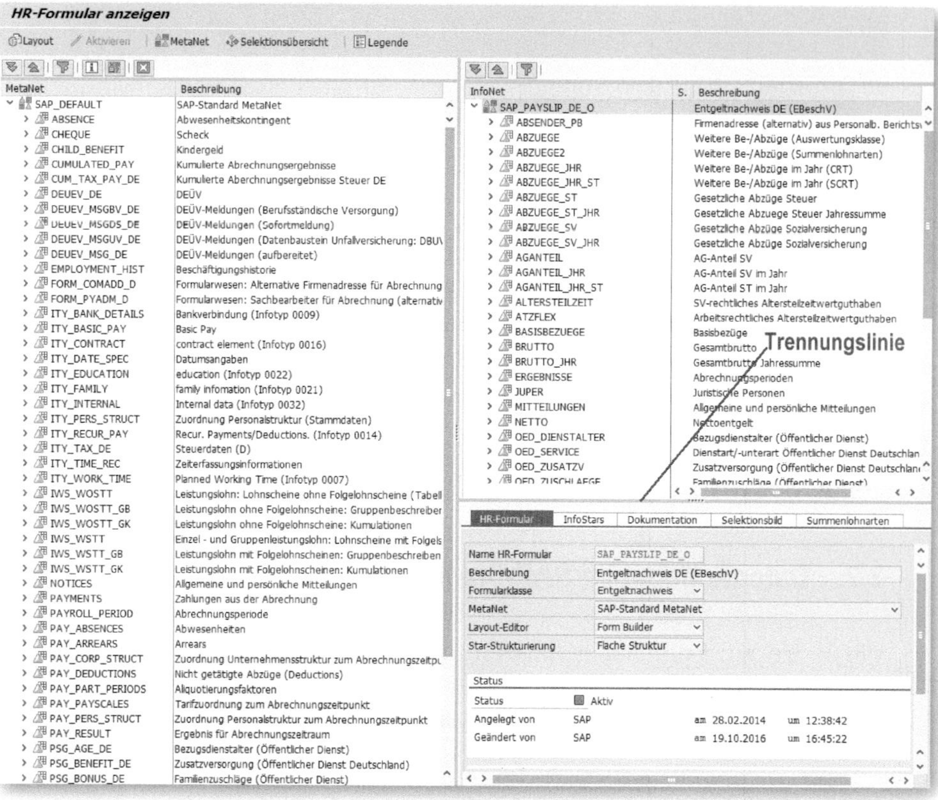

Abbildung 2.4: Arbeitsoberfläche eines Formulars

Auch hier sind Sie auf den ersten Blick mit einer etwas unüberschaubaren Menge an Informationen konfrontiert, die wir zum besseren Verständnis ein wenig auflösen müssen:

Der linke Bereich zeigt das sogenannte *MetaNet*, während wir auf der rechten Seite im oberen Feld das *InfoNet* finden. Darunter ist ein Bereich mit zusätzlichen Informationen. Dieser kann beim ersten Mal durchaus versteckt sein. Um ihn sichtbar zu machen, müssen Sie unten rechts die Trennungslinie suchen, mit einem Mausklick festhalten und nach oben ziehen. Welche Informationen sich hinter den einzelnen Karteireitern befinden, erfahren Sie in Abschnitt 2.3.

HR-Formulare sind wie folgt gegliedert:

- *Stars* mit Bezeichnung des Themas,
- *Dimensionen*,
- *Datenfeldern.*

Stars, Dimensionen und Datenfelder

Diese Elemente kommen jeweils sowohl im MetaNet als auch im InfoNet vor. Je nachdem, wo sie stehen, werden sie **Meta**... oder **Info**... genannt. Diese Unterscheidung soll nur helfen, bei notwendigen Anpassungen an diesen Elementen klar zu definieren, wo die Änderung erfolgen soll.

Im Meta- bzw. InfoNet befinden sich die Meta- oder auch Info-**Stars**. Diese Stars beinhalten Datendimensionen und Datenfelder aus einem logisch zusammenhängenden Bereich. So erklärt sich auch die Tatsache, dass wir manchmal von MetaNet-Dimensionen oder InfoNet-Dimensionen sprechen. Im Star »Überweisung« sind alle relevanten Bankdaten aufgeführt, die für die Anzeige von beispielsweise Lohnüberweisungen notwendig sind. Die Dimensionen innerhalb eines Stars sind zusätzliche Unterteilungen, die es uns ermöglichen, hier eventuell noch ergänzende Anzeigebedingungen zu hinterlegen. Diese Unterteilungen in unterschiedliche Dimensionen, wie z. B. IBAN-Nummer oder Bankdetails, lassen die Möglichkeit der zusätzlichen Bearbeitung zu. Einzelne Datenfelder stehen in keiner unmittelbaren Abhängigkeit zu Stars oder Dimensionen, geben aber ergänzende Informationen zum Hauptthema.

2.2.1 MetaNet

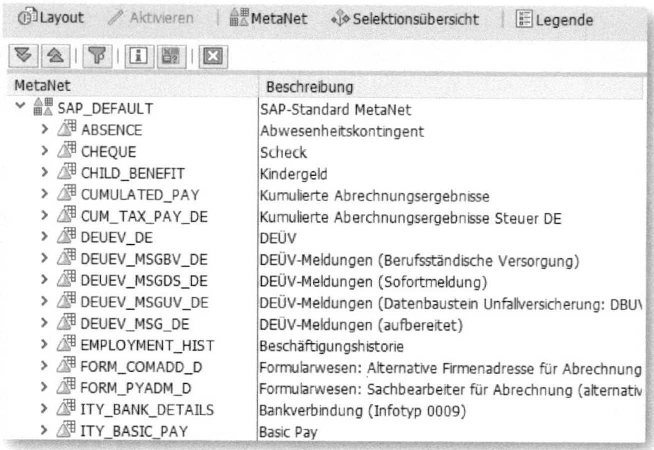

Abbildung 2.5: SAP MetaNet

Das MetaNet ist das große »SAP-Datenwarenhaus«, das uns ein wirklich sehr großes Angebot an verfügbaren Daten aus dem Bereich der personalwirtschaftlichen Prozesse bereitstellt.

SAP MetaNet

Lassen Sie sich an dieser Stelle nicht von der Fülle an Informationen verwirren.

Wenn wir später unser eigenes Projekt »Mitarbeiterprofil« durchführen (siehe Kapitel 5), werden wir uns nur die Datenstars in unser InfoNet übertragen, die wir für das Formular wirklich brauchen. Dann können wir das Angebot auch noch weiter einschränken, sodass sich die Anzahl der Datenfelder, die wir mit unseren Formularfeldern verbinden wollen, erheblich verringert und alles übersichtlicher wird. Beim Standardformular empfiehlt es sich allerdings, keine Veränderungen vorzunehmen.

2.2.2 InfoNet

Das InfoNet kann man am besten als »Daten-Einkaufswagen« bezeichnen. Wenn Sie sich im MetaNet umgeschaut und gefunden haben, was Sie benötigen, packen Sie all die Metastars ins InfoNet, die Sie später für Ihr Formular verwenden möchten. Die Übertragung der benötigten Daten ist im Abschnitt 3.4.1 genau beschrieben.

Sollte man etwas vergessen haben, kann man im Nachhinein jederzeit schnell in das »Datenwarenhaus« zurückgehen und Daten ergänzen.

In Abbildung 2.6 sehen Sie einen kleinen Ausschnitt aus dem Bereich des InfoNets. Sie können erkennen, dass einige Bezeichnungen exakt mit denen der Stars aus dem MetaNet (vgl. Abbildung 2.5) übereinstimmen und einige nicht. Hieraus können Sie schließen, dass diese Stars angepasst wurden oder dass zum besseren Verständnis die Bezeichnung verändert wurde. Auf die Datenbereitstellung hat dies keine Auswirkungen.

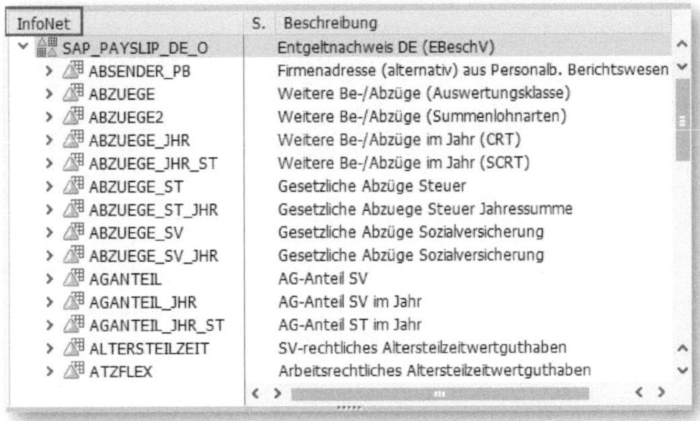

Abbildung 2.6: InfoNet zum Entgeltnachweis

Anhand von Abbildung 2.7 sehen wir uns das Beispiel »Bankdaten« an. Im Baum der verschiedenen MetaStars findet sich ein InfoStar mit der Bezeichnung ÜBERWEISUNG.

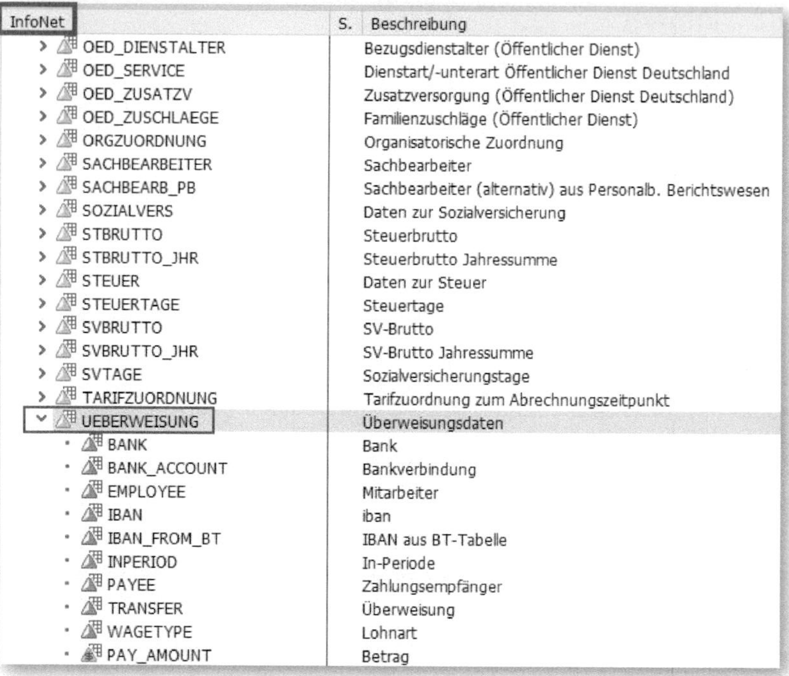

Abbildung 2.7: Star »Überweisung«

Um in diesem Entgeltformular die Bankdaten und Überweisungsinformationen anzuzeigen, benötigen wir verschiedene Angaben. Dazu gehören:

- Name der Bank,
- Kontoinhaber,
- IBAN-Nummer,
- Zahlungsempfänger,
- Lohnart der Überweisung,
- Betrag der Überweisung.

Im InfoStar ÜBERWEISUNG sind alle benötigten Informationen zusammengefasst und verfügbar, die wir benötigen, um Überweisungsdaten mit Bankname, IBAN-Nummer und Überweisungszweck anzuzeigen.

2.3 Abrechnungsbezogene Formulare

Wie oben bereits erwähnt, sind noch einige wichtige Informationen zu beachten, die sich unterhalb des InfoNets befinden. Markiert man das InfoNet an seiner Wurzel ganz oben, so erhält man unterhalb der Formularliste eine kleine »Karteikartenstruktur«, die wichtige Statusmeldungen und Einstellmöglichkeiten anbietet (siehe Abbildung 2.8).

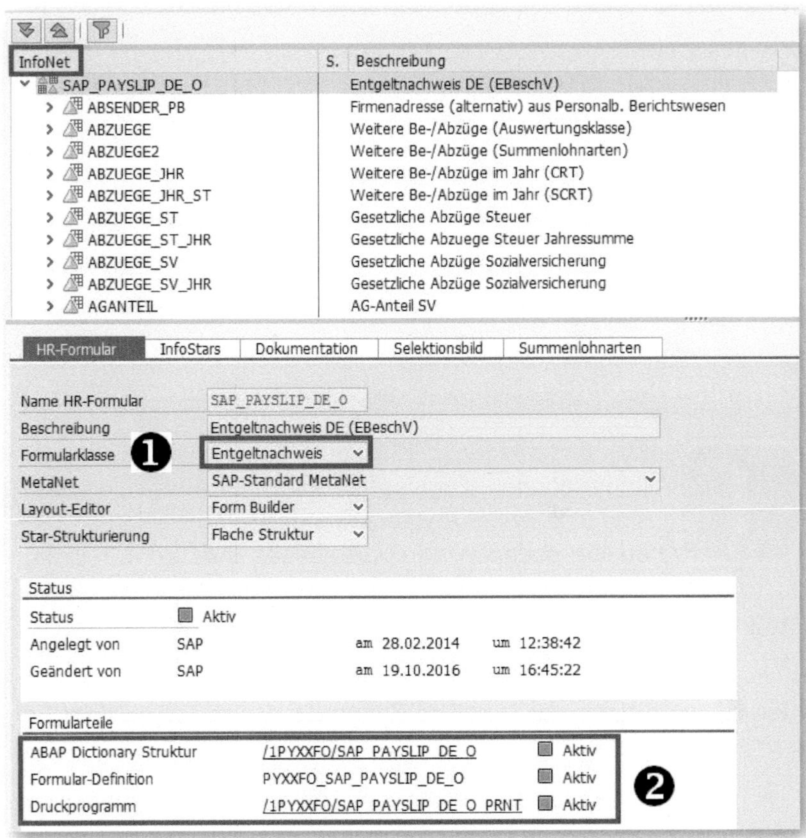

Abbildung 2.8: HR-Formular – Detailinformationen

Reiter »HR-Formular«

Wenn Sie den Reiter HR-FORMULAR öffnen, sehen Sie unter ❶ das Feld FORMULARKLASSE. Hier sehen Sie, um welche Art Formular es sich handelt.

Abbildung 2.9 zeigt die generell verfügbaren Klassen.

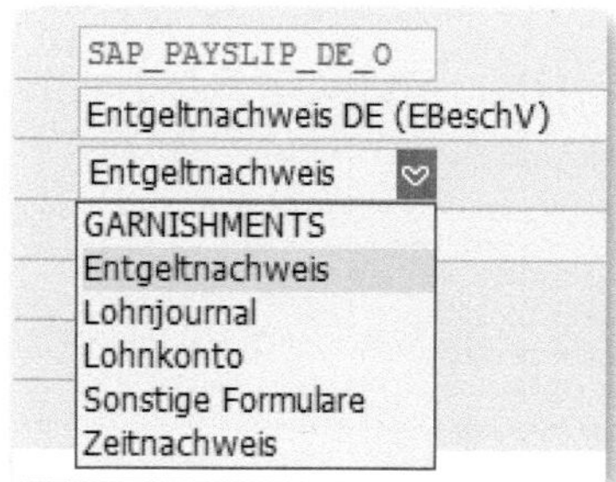

Abbildung 2.9: Verfügbare Formularklassen

Formularklassen

Die verschiedenen Klassen steuern, welche Art von Informationen zugelassen wird. Im Entgeltformular sind z. B. keine Zeitabrechnungsdaten verfügbar. Die entsprechenden InfoStars lassen sich zum Teil gar nicht erst hinzufügen oder werden automatisch inaktiv geschaltet.

Unter ❷ wird Ihnen der jeweilige Status für die verschiedenen Formularteile angezeigt.

- ABAB DICTIONARY STRUKTUR – dies ist die Schnittstelle, die Sie nicht programmieren müssen;
- FORMULARDEFINITION – hier sehen Sie den Zustand Ihres Formulars im Adobe LiveCycle Designer;

- DRUCKPROGRAMM – das ist das Druckprogramm für Ihr Formular, komplett fertig, ohne dass Sie etwas programmieren müssen.

Wenn alle Zeichen auf »Grün« und »Aktiv« stehen, ist die Formularwelt in Ordnung. Sobald eines der Formularteile »Rot« und inaktiv ist, stimmt etwas nicht, und das Formular ist nicht zu verwenden. Meist hilft hier das Aktivieren des entsprechenden Formularteils.

Formular aktivieren

Ein Formular oder -objekt wird über das Icon aktiviert. Es erfolgt nach kurzer Zeit eine Meldung, dass das Objekt aktiviert wurde oder ob eventuell Probleme beim Aktivieren aufgetreten sind.

Reiter »InfoStars«

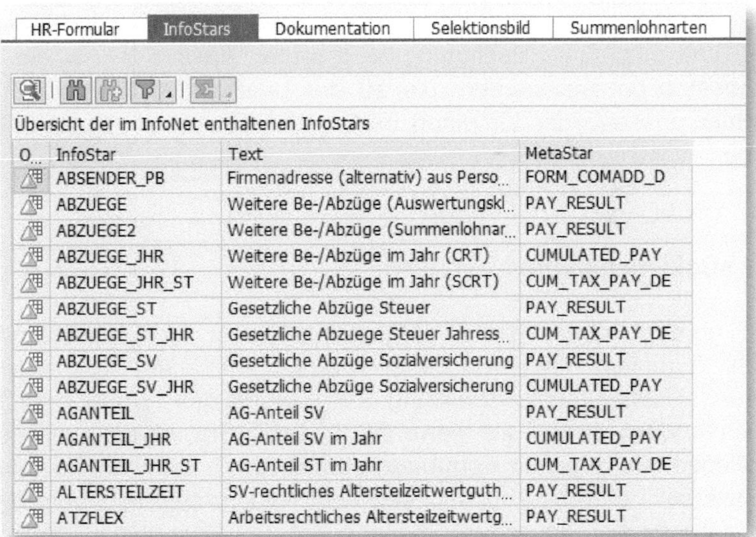

O...	InfoStar	Text	MetaStar
	ABSENDER_PB	Firmenadresse (alternativ) aus Perso...	FORM_COMADD_D
	ABZUEGE	Weitere Be-/Abzüge (Auswertungskl...	PAY_RESULT
	ABZUEGE2	Weitere Be-/Abzüge (Summenlohnar...	PAY_RESULT
	ABZUEGE_JHR	Weitere Be-/Abzüge im Jahr (CRT)	CUMULATED_PAY
	ABZUEGE_JHR_ST	Weitere Be-/Abzüge im Jahr (SCRT)	CUM_TAX_PAY_DE
	ABZUEGE_ST	Gesetzliche Abzüge Steuer	PAY_RESULT
	ABZUEGE_ST_JHR	Gesetzliche Abzuege Steuer Jahress...	CUM_TAX_PAY_DE
	ABZUEGE_SV	Gesetzliche Abzüge Sozialversicherung	PAY_RESULT
	ABZUEGE_SV_JHR	Gesetzliche Abzüge Sozialversicherung	CUMULATED_PAY
	AGANTEIL	AG-Anteil SV	PAY_RESULT
	AGANTEIL_JHR	AG-Anteil SV im Jahr	CUMULATED_PAY
	AGANTEIL_JHR_ST	AG-Anteil ST im Jahr	CUM_TAX_PAY_DE
	ALTERSTEILZEIT	SV-rechtliches Altersteilzeitwertguth...	PAY_RESULT
	ATZFLEX	Arbeitsrechtliches Altersteilzeitwertg...	PAY_RESULT

Abbildung 2.10: HR-Formular – InfoStars

Die Karteikarte INFOSTARS gibt noch einmal eine Übersicht der eingesetzten InfoStars und deren Herkunft, das bedeutet, dass Sie immer genau wissen, aus welchem MetaStar diese InfoStars entstanden sind (siehe Abbildung 2.10).

Sie müssen nicht alles verwenden, was in einem MetaStar verfügbar ist; Sie können die Bezeichnung anpassen und nicht benötigte »Dimensionen« auch entfernen.

Anpassung InfoStars

Beachten Sie, dass es in bestimmten *InfoDimensionen* Datenfelder gibt, die in den Strukturen der Schnittstelle für das Formular als Schlüsselfelder benötigt werden. So dürfen Sie z. B. die Dimension EMPLOYEE nicht löschen, da hier die Personalnummer ein sicherlich benötigtes Schlüsselfeld ist. Auch Datumsfelder, wie Beginn- und Endedatum des Datensatzes oder der Beginn oder das Ende der Abrechnungsperiode können durchaus Schlüsselfelder sein, an die u. a. auch Bedingungen geknüpft sein können. Eine eingefügte Bedingung stellt sicher, dass z. B. nur die Datensätze gezeigt werden, die zu der bearbeiteten Personalnummer passen oder für einen bestimmten Zeitraum angezeigt werden.

Reiter »Dokumentation«

Selten genutzt, aber beim SAP-Entgeltnachweis für Deutschland tatsächlich gepflegt: Riskieren Sie durchaus einmal einen Blick in die *Änderungshistorie* (siehe Abbildung 2.11); wenn das Formular sich plötzlich anders verhält als gewohnt, müssen Sie vielleicht etwas nachpflegen. Bei eigenen Formularen empfiehlt es sich, auch wenn es schwerfällt, wichtige Anpassungen oder Änderungen zu kommentieren, falls einmal ein anderer Kollege auf das Formular zugreifen muss.

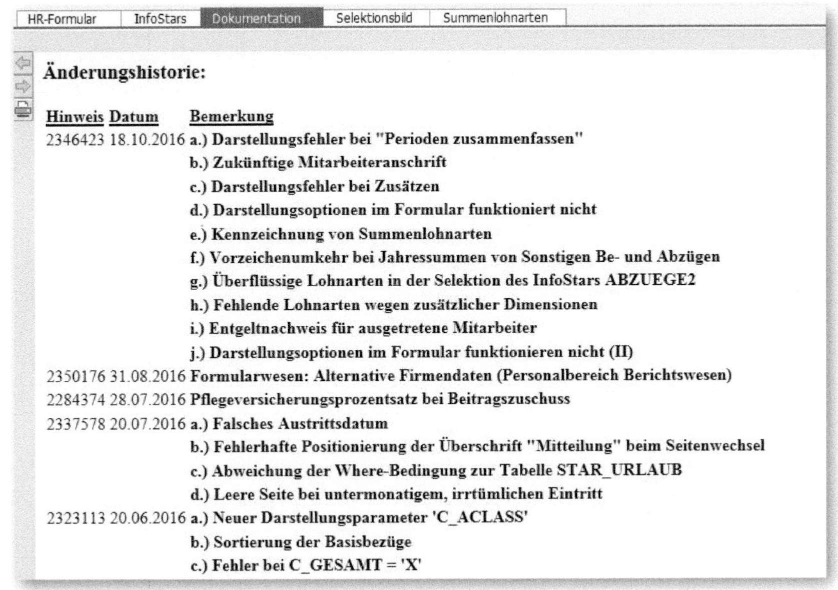
HR-Formular | InfoStars | Dokumentation | Selektionsbild | Summenlohnarten

Änderungshistorie:

Hinweis	Datum	Bemerkung
2346423	18.10.2016	a.) Darstellungsfehler bei "Perioden zusammenfassen"
		b.) Zukünftige Mitarbeiteranschrift
		c.) Darstellungsfehler bei Zusätzen
		d.) Darstellungsoptionen im Formular funktioniert nicht
		e.) Kennzeichnung von Summenlohnarten
		f.) Vorzeichenumkehr bei Jahressummen von Sonstigen Be- und Abzügen
		g.) Überflüssige Lohnarten in der Selektion des InfoStars ABZUEGE2
		h.) Fehlende Lohnarten wegen zusätzlicher Dimensionen
		i.) Entgeltnachweis für ausgetretene Mitarbeiter
		j.) Darstellungsoptionen im Formular funktionieren nicht (II)
2350176	31.08.2016	Formularwesen: Alternative Firmendaten (Personalbereich Berichtswesen)
2284374	28.07.2016	Pflegeversicherungsprozentsatz bei Beitragszuschuss
2337578	20.07.2016	a.) Falsches Austrittsdatum
		b.) Fehlerhafte Positionierung der Überschrift "Mitteilung" beim Seitenwechsel
		c.) Abweichung der Where-Bedingung zur Tabelle STAR_URLAUB
		d.) Leere Seite bei untermonatigem, irrtümlichen Eintritt
2323113	20.06.2016	a.) Neuer Darstellungsparameter 'C_ACLASS'
		b.) Sortierung der Basisbezüge
		c.) Fehler bei C_GESAMT = 'X'

Abbildung 2.11: HR-Formular – Dokumentation

Dokumentation zum Formular

Dokumentationen vererben sich nicht. Wenn eine neue Version des SAP-Standardformulars durch Service-Packages eingespielt wird, sollten Sie einmal auf die Dokumentation des Standardformulars schauen. Besser ist es jedoch, die Hinweise der SAP in Bezug auf das Abrechnungsformular regelmäßig zu studieren, dann bleiben Sie auf dem Laufenden.

Reiter »Selektionsbild«

Einstellungen, die hier gemacht werden, betreffen das gewünschte SELEKTIONSBILD. Über die REPORTKLASSE können Sie verschiedene Selektionsbildvarianten einstellen, die darüber entscheiden, was im Selektionsbild angezeigt wird (siehe Abbildung 2.12). Beachten Sie, dass an dieser Stelle auch vom Anwender Selektionen vorgenommen werden können, die vielleicht nicht gewünscht sind. Wenn Sie etwa einen Entgeltnachweis bereitstellen, der grundsätzlich Rückrechnungen ermöglichen soll, und der Anwender die Möglichkeit hat, das Formular in der Selektion auf »Nur Originalperiode« zu setzen, kann dies zu unerwünschten Ergebnissen führen.

HR-Formular | InfoStars | Dokumentation | Selektionsbild | Summenlohnarten

Reportklasse HRF_PNOC HRFORMS Entgeltnachweise - kein Off-cycle

Optionale Felder im Selektionsbild

Einblenden	Selektionsfeld	Defaultwer...	Defaultwert
☐	Rückrechnungen berücksichtigen: nein, ja, auch rückg. Läufe	☐	
☐	Archivierte Abrechnungsergebnisse berücksichtigen + anzeigen	☐	
☐	HRFORMS: Zugriff auf ESS prüfen	☐	
☐	Währungskonvertierung	☐	
☐	Nur Infotypsätze im Zeitintervall lesen	☐	
☐	In-Sicht Abrechnungsperioden	☐	
☐	Alternative Währung	☐	
☐	Individueller Entgeltnachweis für Personalnummern	☑	X
☐	Anzahl Mitarbeiter je Formular (0= alle)	☑	100
☐	Mehrfachabrechnung simulieren	☐	

Abbildung 2.12: HR-Formular – Selektionsbild

Optionale Felder im Selektionsbild

Sie sehen in Abbildung 2.12 die erste Spalte EINBLENDEN. Wenn Sie hier einen Haken setzen, hat der Anwender des Druckprogramms die Möglichkeit, die Voreinstellungen zu ändern. Es sollte im Vorfeld mit dem Fachbereich geklärt werden, ob die Bereitstellung dieser Möglichkeit gewünscht ist oder nicht.

Reiter »Summenlohnarten«

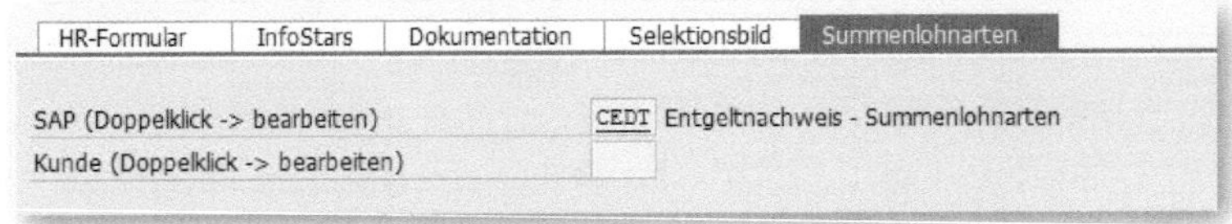

Abbildung 2.13: HR-Formular – Summenlohnarten

Dieser in Abbildung 2.13 gezeigte Bereich ist nur interessant, wenn es sich bei dem Formular um einen Entgeltnachweis handelt. Hier können Standard-, aber auch kundeneigene Summenlohnarten eingerichtet und bearbeitet werden.

2.4 Zeitwirtschaftsbezogene Formulare

Den Zeitnachweis finden Sie unter der Ländergruppierung **99**; er ist also keinem Land zugeordnet, da im Zeitnachweis nur die Zeiten des Mitarbeiters dokumentiert werden sollen. Schichten, Tagesereignisse und Pausen sind in allen Ländern gleich – so die Theorie –, sodass es für alle Länder nur ein Formular gibt (siehe Abbildung 2.14).

	99	SAP_PAYSLIP	SAP	16.12.2004	14:27:43	3	3	3	PAYSLIP	SAP Smart Forms	Geschachtelte Strukt...
		SAP_TIM_99_0001	SAP	31.07.2009	10:26:09	3	3	3	TIME	SAP Smart Forms	Geschachtelte Strukt...
		SAP_TIM_99_0002	SAP	11.04.2013	15:08:51	3	3	3	TIME	SAP Smart Forms	Geschachtelte Strukt...
		SAP_TIM_99_0003	SAP	15.03.2016	15:16:28	3	3	3	TIME	Form Builder	Flache Struktur

Abbildung 2.14: Übersicht »Zeitnachweis«

Wenn Sie den Zeitnachweis **SAP_TIM_99_0003** mit einem Doppelklick auf das Formular öffnen und in die Ansicht von Abbildung 2.15 gelangen, in der wir das InfoNet betrachten können, sieht das InfoNet des Zeitnachweises schon ganz anders aus als das des Entgeltnachweises (vgl. Abbildung 2.6).

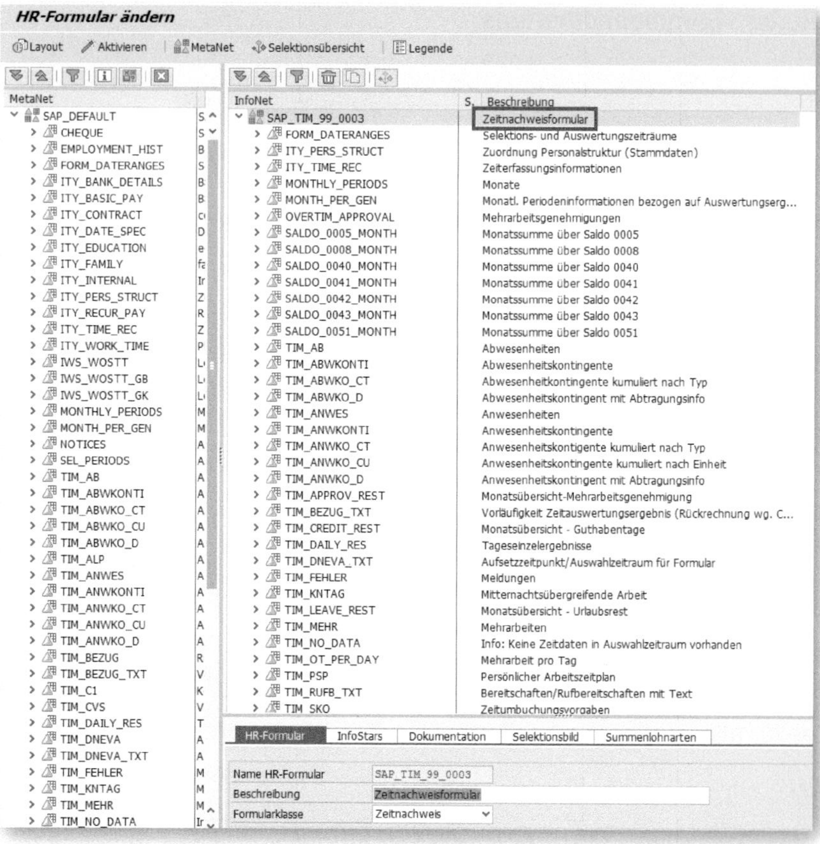

Abbildung 2.15: InfoNet »Zeitnachweis«

Sie erinnern sich? Ja, die Formularklassen haben es in sich. Hier sind wir in der Zeitwirtschaftswelt angekommen. Das bedeutet, dass abrechnungsrelevante Daten nicht zur Verfügung stehen. Ein Superformular »Entgeltnachweis mit Zeitabrechnungsinformationen« bekommen wir hier also nicht hin. Abgesehen davon ist da noch die *EBeschV*, die uns das auch nicht wirklich vorschreibt.

SAP-Unterstützung für Zeitnachweis

Der Zeitnachweis wird nicht von Deutschland aus betreut. Dieses Formular ist etwas für Fortgeschrittene, da viele Teile statt in der Programmiersprache *ABAP* in *JavaScript* programmiert wurden. Lassen Sie sich bei der Erstellung eines kundenspezifischen Zeitnachweises von einem erfahrenen Zeitwirtschaftsberater unterstützen. Das Standard-Formular für den Zeitnachweis ist nicht komplexer als z. B. der Entgeltnachweis, allerdings ist bereits im Vorfeld am Layout sehr viel Anpassungsarbeit zu leisten, da einzelne Text- und viele Datenfelder erst einmal in Schrift- und Feldgrößen reduziert werden müssen.

2.5 Stammdatenbezogene Formulare

Bei dieser Kategorie handelt es sich um Formulare, die der Formularklasse »Sonstige Formulare« zugeordnet werden. Hierzu zählen zum Beispiel Mitarbeiterprofile oder Personalstammblätter, die nicht auf abrechnungsrelevante Daten oder zeitwirtschaftliche Auswertungen zugreifen.

Diese Formulare werden später für das Projekt »Mitarbeiterprofil« interessant, das im Kapitel 5 besprochen wird.

3 Formular-Gestaltung in HR FORMS

Auf den folgenden Seiten machen wir uns nun noch schlauer und schauen uns die nächste Arbeitsoberfläche in der Transaktion HR FORMS an. Ich stelle Ihnen die Arbeitsoberfläche des sogenannten *Form Builders* vor. Sie lernen, wie Sie darüber die Datenbereitstellung für das Formular anpassen können. Sie erfahren außerdem, wie man ein Standard-Formular kopiert, und am Ende erhalten Sie noch wertvolle Tipps für die Bearbeitung der einzelnen Formulare, die SAP bereitstellt.

Nach Klick auf die Schaltfläche Layout (Abbildung 3.1) sind Sie wahrscheinlich genauso verwirrt, wie ich es war, als ich das erste Mal im Form Builder (Abbildung 3.2) landete.

Abbildung 3.1: HR FORMS – Layout

3.1 Übersicht HR-FORMS-Layout

Bevor wir zum Editor Adobe LiveCycle Designer kommen, werden wir zunächst in eine Übersicht geleitet, in der wir aktiv auf die Datenbereitstellung einwirken können. In der Übersicht »Formularkontext« sehen wir noch einmal alle Daten, die wir uns vorher für das Formular beschafft haben.

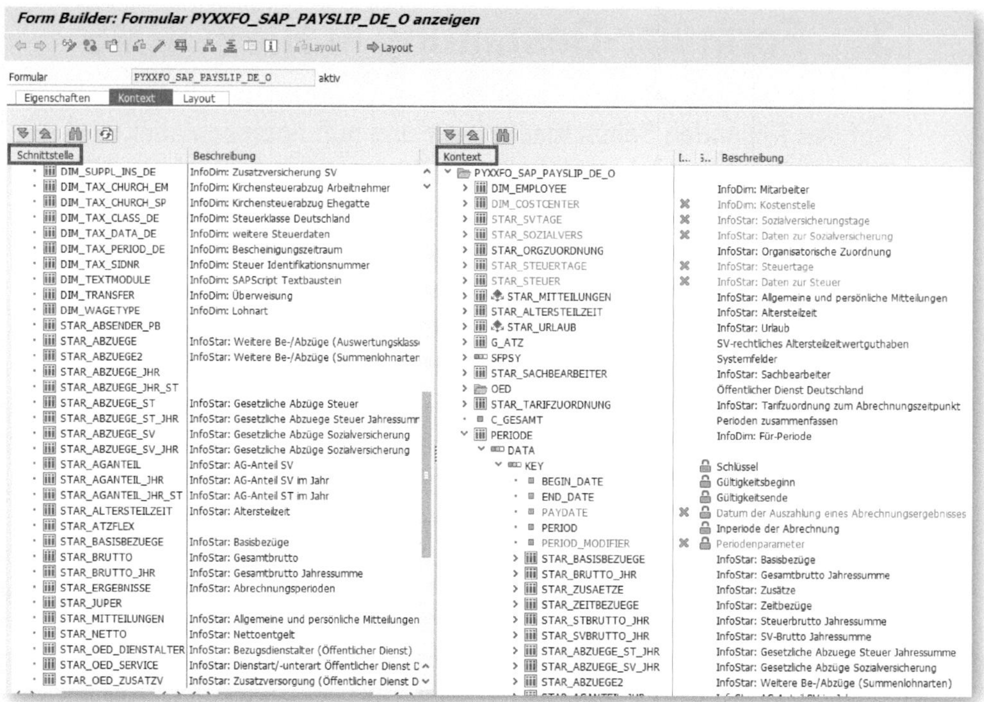

Abbildung 3.2: Form Builder – Layout-Übersicht

Bitte nicht verwirren lassen! Ich kann das leicht auflösen: Unter dem Reiter KONTEXT befindet sich im linken Bereich unsere *Schnittstelle*, die uns das System zur Verfügung stellt. Hier sind alle Daten vorhanden, die wir vorher über das MetaNet in unseren Einkaufswagen gepackt haben. Auf der rechten Seite ist der *Kontext*, der uns alle Daten zeigt, die zur Verwendung in unserem Formular zur Verfügung stehen.

»Layout-Vorbereitung« wäre für mich der bessere Begriff gewesen, um diese Seite genauer zu beschreiben. Die SCHNITTSTELLE entspricht unserem InfoNet; interessanter ist aber die Betrachtung des KONTEXTES, da wir hier in das Geschehen eingreifen können und müssen.

3.2 Kontext

Der Formularkontext beinhaltet alle Datenfelder, die Sie später mit Formularfeldern verbinden können. Wie genau das geht, wird im Abschnitt 5.6 beschrieben. Alle InfoStars und Dimensionen sind hier vorhanden und können auf verschiedene Weise bearbeitet werden. Die Icons sehen an dieser Stelle anders aus als in der Übersicht des InfoNets. Die Frage, warum die Entwickler hier auf andere Icons zurückgegriffen haben, wird wohl nie beantwortet werden. Zumindest haben sie in der Bezeichnung jeweils das Präfix **DIM** oder **STAR** vorangestellt, damit wir immer wissen, womit wir es gerade zu tun haben.

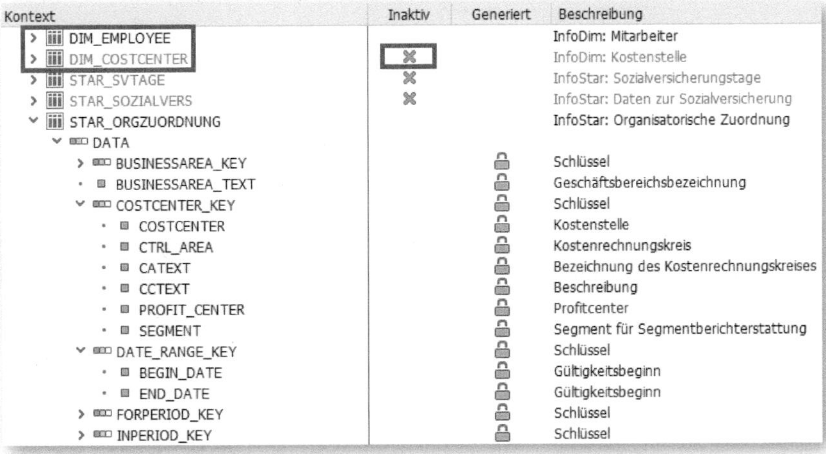

Abbildung 3.3: Formularkontext

In der Abbildung 3.3 sehen Sie Dimensionen, von denen einige inaktiv und andere aktiv sind. Was bedeutet das? Inaktive Stars, Dimensionen, aber auch Datenfelder werden später im Formulareditor nicht für eine Verbindung zu einem Formularfeld zur Verfügung gestellt. Sie erzeugen also darüber im Editor eine viel bessere Übersicht über Ihre tatsächlich benötigten Datenfelder.

Wenn Sie z. B. im STAR_ORGZUORDNUNG (siehe Abbildung 3.4) die Felder »Kostenrechnungskreis« und »Profitcenter« ganz sicher nicht benötigen, können Sie diese mit einem Rechtsklick markieren und im erscheinenden KONTEXT inaktiv setzen. Wenn Sie später bemerken, dass Sie auf das Feld doch angewiesen sind, setzen Sie es einfach wieder aktiv.

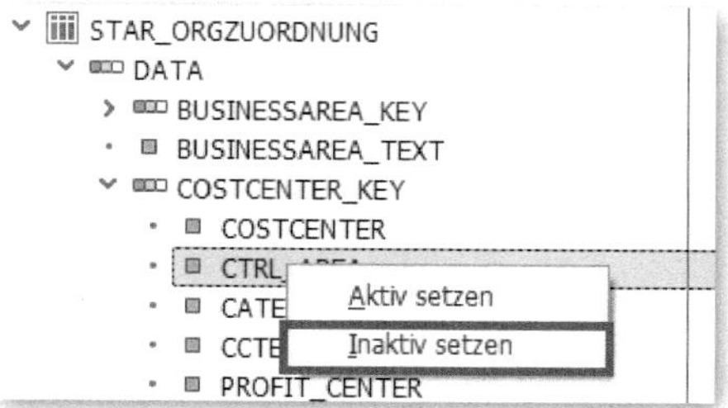

Abbildung 3.4: Felder aktiv oder inaktiv setzen

Danach muss der Kontext aktiviert werden. Dafür verwenden Sie das bekannte »Streichholz-Icon« (vgl. Abbildung 3.2) und warten die Erfolgsmeldung ab.

»Inaktiv« will gut überlegt sein!

Überlegen Sie sich immer, bevor Sie eine Dimension komplett, also alle Datenfelder in der Dimension, inaktiv setzen, ob Sie sie nicht doch benötigen. Sie können auch nur Teile einer InfoDimension als inaktiv markieren. Prüfen Sie stets, ob diese Dimension nicht vielleicht in einem InfoStar verwendet wird. Inaktivieren Sie nie mögliche Schlüsselfelder wie Personalnummer, Beginn- und Endedatum. Diese Felder werden meist in den Schnittstellen verwendet und würden, wenn sie fehlen, die Programmierung ins Nirwana laufen lassen. Sie werden diese Schlüsselfelder auch selbst verwenden, wenn Sie Bedingungen in den jeweiligen Stars und Dimensionen einfügen.

Formularaktivierung

Alle Änderungen im Formular, Kontext oder der Schnittstelle werden immer erst dann wirksam, wenn das jeweilige Element oder auch das Formular in der Übersicht von HR FORMS aktiviert worden ist.

3.3 Bedingungen im Kontext

Eine Besonderheit von SAP ist, dass es an den meisten Stellen, egal ob im HR oder in anderen Komponenten, Datensätze mit Beginn- und Endedatum gibt. Diese ermöglichen die Darstellung einer Historie und sind für das Reporting wertvolle Parameter. Für unsere Formulare stellt die Schnittstelle diese Datensätze in Form einer Tabelle wie in Abbildung 3.5 bereit.

InfoStar: Urlaub

DATE_RANGE_KEY-BEGIN_DATE	DATE_RANGE_KEY-END_DATE	D	D...	Q	Q	Q	Q	Q	DEDUCTION	TI...	ENTITLEMENT
01.01.2017	31.12.2017	0	3..	0	3	1	1	1	0,00000	010	30,00000
01.01.2016	31.12.2016	0	3..	0	3	1	1	1	0,00000	010	30,00000
01.01.2015	31.12.2015	0	3..	0	3	1	1	1	0,00000	010	30,00000
01.01.2014	31.12.2014	0	1..	0	3	1	1	1	0,00000	010	30,00000
01.01.2014	31.12.2014	0	3..	0	3	1	1	1	0,00000	010	5,00000
01.01.2012	31.12.2012	0	3..	0	3	1	1	1	0,00000	010	30,00000
01.01.2012	31.12.2012	0	3..	0	3	1	1	1	0,00000	010	5,00000
01.01.2011	31.12.2011	0	3..	0	3	1	1	1	0,00000	010	17,00000
01.01.2011	31.12.2011	0	3..	0	3	1	1	1	0,00000	010	5,00000

Abbildung 3.5: Tabellenausgabe der Schnittstelle

Ob der aktuellste Datensatz als erster oder als letzter Eintrag in der Tabelle erscheint, können Sie durch Sortieren bestimmen. Das Sortieren einer Tabelle wird in der Schnittstelle durch ein kleines Coding erzeugt. Hierzu werde ich später im Abschnitt 3.6.3 ein Beispiel zeigen, siehe auch Abbildung 3.40. Die Aktualität wird bestimmt durch das Beginn- und Endedatum. Wenn die Tabelle nach Beginndatum absteigend sortiert wird, steht der aktuellste Datensatz in der Tabelle an erster Stelle. Haben Sie nur ein Feld aus der Tabelle für die Anzeige im Formular vorgesehen, möchten Sie bestimmt den aktuellen Wert des Datensatzes sehen. Im Abrechnungsformular ist immer das

Beginn- oder Endedatum der *In-Periode* der Gültigkeitsparameter und damit der Wert, an dem sich alles Weitere orientieren muss.

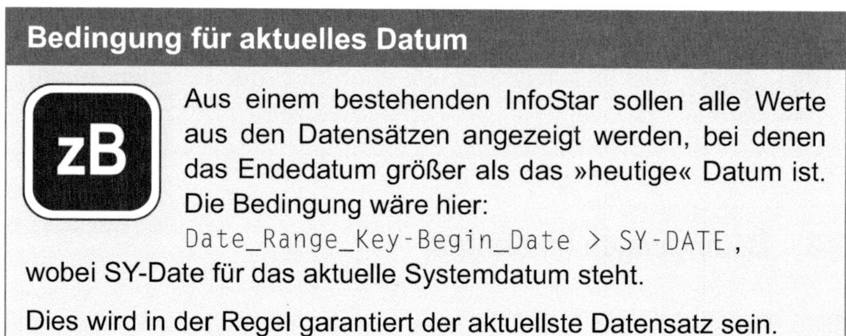

Bedingung für aktuelles Datum

zB

Aus einem bestehenden InfoStar sollen alle Werte aus den Datensätzen angezeigt werden, bei denen das Endedatum größer als das »heutige« Datum ist. Die Bedingung wäre hier:

`Date_Range_Key-Begin_Date > SY-DATE`,

wobei SY-Date für das aktuelle Systemdatum steht.

Dies wird in der Regel garantiert der aktuellste Datensatz sein.

Aber sehen wir uns mal in Abbildung 3.6 einen »Klassiker« einer Bedingung an, in diesem Fall eine sogenannte WHERE-BEDINGUNG:

Abbildung 3.6: Bedingungen im Kontext

Aus dem InfoStar **Urlaub** wollen wir den aktuellsten Datensatz im Entgeltnachweis anzeigen. Da wir hier auch Rückrechnungen haben können, brauchen wir einen Parameter, an dem wir die Anzeige in der jeweiligen *Für-Periode* anzeigen lassen können. Für »Nichtabrechner« hier kurz zur Erklärung: Sie bekommen Ihre Gehaltsabrechnung für Februar und erhalten rückwirkend ab Januar eine Prämie, weil Sie so fleißig waren. Dafür werden Ihnen zwei Abrechnungen erstellt: eine für Februar und eine (Rückrechnung) für Januar. Um auf beiden Seiten den gültigen Stand Ihres Urlaubs anzeigen zu können, haben wir in den Bedingungen hinterlegt:

- Zeige nur den Datensatz (aus STAR_URLAUB), dessen Beginndatum kleiner oder gleich dem Beginndatum der Für-Periode ist und

- dessen Endedatum größer oder gleich dem Endedatum der Für-Periode ist.

Dadurch wird auf beiden Seiten Ihrer Abrechnung genau der Datensatz angezeigt, der diese Bedingung erfüllt, und Sie können den Stand Ihres Urlaubs ablesen, den Sie im Januar tatsächlich hatten.

Wenn Sie sich die Abbildung genauer ansehen, dann finden Sie auch den Karteireiter BEDINGUNGEN. Hier können Sie auf Feldebene ganz einfach Datensätze ausschließen (Abbildung 3.7).

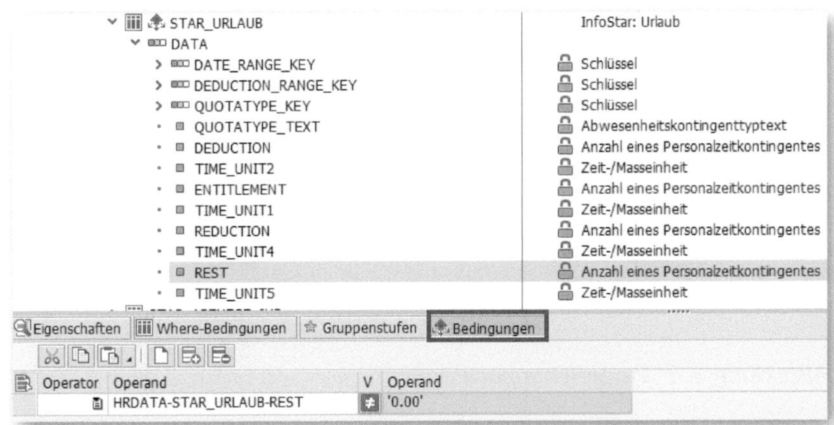

Abbildung 3.7: Bedingungen im Kontext

So ist es praktisch, wenn Sie vorgeben können:

»Zeige mir von allen Datensätzen nur die, bei denen das Feld URLAUBSREST ungleich **0.00** ist«.

Dadurch vermeiden Sie in Tabellen, dass auch Datensätze aufgeführt werden, deren Anzeige nicht sinnvoll ist. Gerade im Entgeltnachweis ist dies die am häufigsten benutzte Bedingung, um die Anzeige von Nulldatensätzen zu verhindern. Sie können die Bedingung eintippen oder per *Drag & Drop* die entsprechenden Parameter in die Bedingungszeile ziehen. Diese Zeile erzeugen Sie durch Anklicken des Icons (bzw. klicken Sie so oft, wie Sie Zeilen brauchen). Markieren Sie anschließend das Feld REST und ziehen Sie es in das erste Feld der Bedingungszeile. Danach den Wert **0.00** in Hochkommata einsetzen und abschließend den Vergleichsoperator auswählen, indem Sie auf das Feld Vergleichsoperator klicken. Es öffnet sich daraufhin eine Übersicht der Einstellungsmöglichkeiten (siehe Abbildung 3.8).

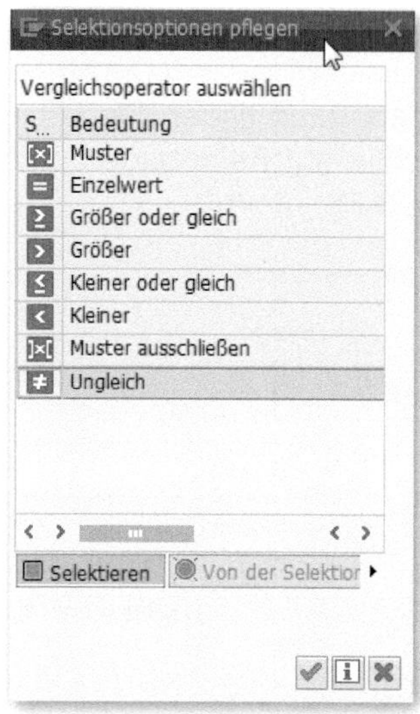

Abbildung 3.8: Vergleichsoperatoren

3.4 InfoStars duplizieren

Aus Erfahrung weiß ich, dass es fast immer Anforderungen an das Formular gibt, die es notwendig machen, einen InfoStar zu duplizieren. Um das Vorgehen zu demonstrieren, nehmen wir einmal folgende Anforderung als Ausgangssituation:

Wir wollen auf unserem Formular die Adresse des Mitarbeiters anzeigen. Zusätzlich sollen noch das Eintrittsdatum und das Eintrittsdatum in den Konzern angezeigt werden. Wir wissen, dass es vom Infotyp 0041 (Datumsangaben) auch Subtypen gibt, wie z. B. Eintrittsdatum, Eintritt Konzern und technisches Eintrittsdatum. In unserem Formular, das wir layouttechnisch »schön« gestalten wollen, haben wir zwei Rubriken vorgesehen: zum einen das *Eintrittsdatum* und zum anderen das *Eintrittsdatum Konzern*. Da wir keine Tabelle eingeplant haben, in der wir die gewünschten Informationen auflisten könnten, müssen wir uns etwas anderes einfallen lassen, um an die richtigen Datensätze zu kommen.

Als Erstes gehen wir in das InfoNet und suchen uns einen entsprechenden Star. Keinen gefunden? Sehen wir uns alternativ im »Datenwarenhaus«, dem MetaNet, um. Hier werden wir nicht enttäuscht: Der Star *ITY_DATE_SPEC* hat genau die von uns benötigten Felder für Eintritt und Eintritt Konzern. Aber wie können wir ihn für unsere Aufgabe einsetzen? Die dazu notwendigen Schritte stelle ich Ihnen in den folgenden Abschnitten vor.

3.4.1 MetaStar in das InfoNet übertragen

Um den MetaStar ITY_DATE_SPEC in das InfoNet zu übergeben, markieren wir diesen mit der rechten Maustaste und klicken, wie in Abbildung 3.9 gezeigt, im Kontextmenü auf KNOTEN SELEKTIEREN.

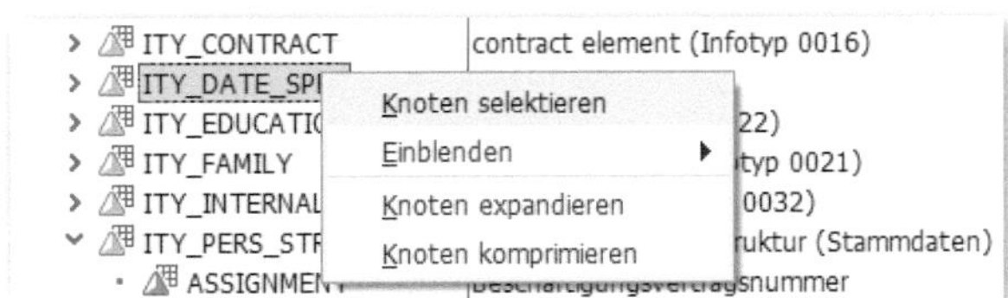

Abbildung 3.9: MetaStar selektieren

Hier setzen wir wieder Drag & Drop ein, indem wir den Star mit der Maus mitnehmen und in die oberste Wurzel unseres InfoNets fallen lassen. Das Resultat ist ganz unten in unserem InfoNet zu sehen (Abbildung 3.10).

InfoNet	S.	Beschreibung
ZMITARBEITER		Mitarbeiterprofil
ABSENCE		Abwesenheitskontingent
ITY_BANK_DETAILS		Bankverbindung (Infotyp 0009)
ITY_DATE_SPEC		Datumsangaben
ITY_PERS_STRUCT		Zuordnung Personalstruktur (Stammdaten)
COPY_OF_ITY_DATE		Datumsangaben

Abbildung 3.10: Eingefügter MetaStar

Der Star ist drin! Wenn wir ihn nun öffnen und die gezeigte Auflistung der verfügbaren Dimensionen (siehe Abbildung 3.11) mit dem originalen Star vergleichen, erkennen wir: Die Kopie hat genau die gleichen Dimensionen.

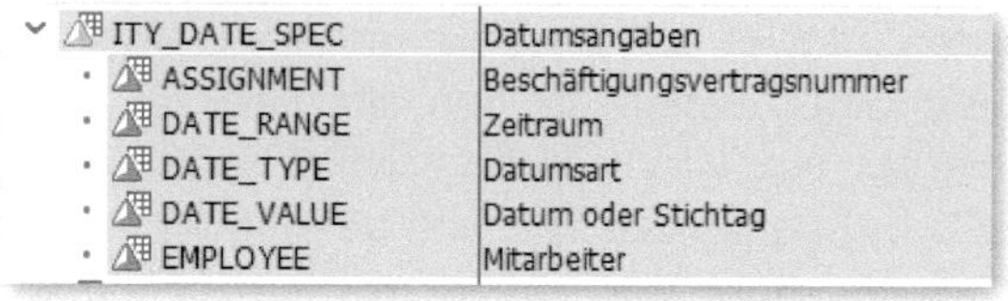

ITY_DATE_SPEC	Datumsangaben
ASSIGNMENT	Beschäftigungsvertragsnummer
DATE_RANGE	Zeitraum
DATE_TYPE	Datumsart
DATE_VALUE	Datum oder Stichtag
EMPLOYEE	Mitarbeiter

Abbildung 3.11: Selektierter MetaStar

Allerdings benötigen wir ihn ja zweimal, um einmal das Datum *Eintritt* und einmal das Datum *Eintritt Konzern* zu erhalten.

3.4.2 InfoStar kopieren

Also müssen wir diesen Star kopieren! Hierzu markieren wir den Star in unserem InfoNet und klicken ganz einfach auf das Icon, und schon haben wir eine Kopie des Stars. Was bringt uns das? Bis jetzt noch nichts!

ITY_DATE_SPEC	Datumsangaben
ITY_DATE_SPEC1	Datumsangaben

Abbildung 3.12: Kopierte Stars

Wir haben zwei gleiche Stars, die sich nur durch die Kurzbezeichnung unterscheiden (siehe Abbildung 3.12). Ordentlich wie wir sind, und weil wir später auch die Übersicht nicht verlieren wollen, ändern wir die Bezeichnung, um bei der Verbindung zu einem Formularfeld das richtige Datenfeld sofort zu finden (siehe Abbildung 3.13).

Im ersten InfoStar soll das Eintrittsdatum und im zweiten InfoStar das Datum des Konzerneintritts erscheinen. Um das zu erreichen, bauen wir eine Selektion in die InfoStars ein. Wir öffnen den ersten InfoStar und sehen seine Struktur. Ein Rechtsklick auf die Datumsart öffnet ein kleines Kontextmenü, in dem wir uns für **Selektion einfügen** entscheiden (siehe Abbildung 3.14).

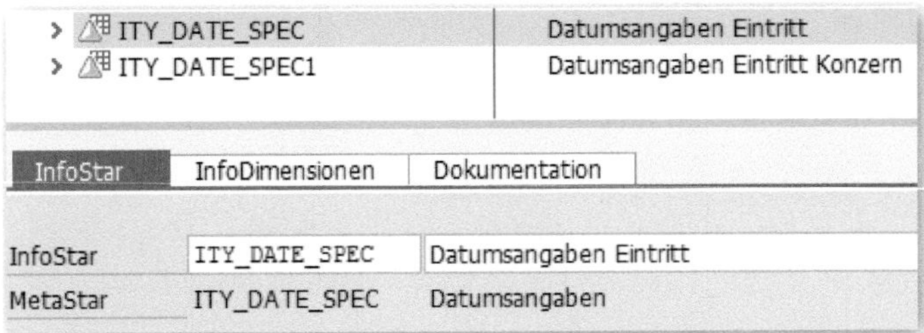

Abbildung 3.13: Bezeichnung InfoStar

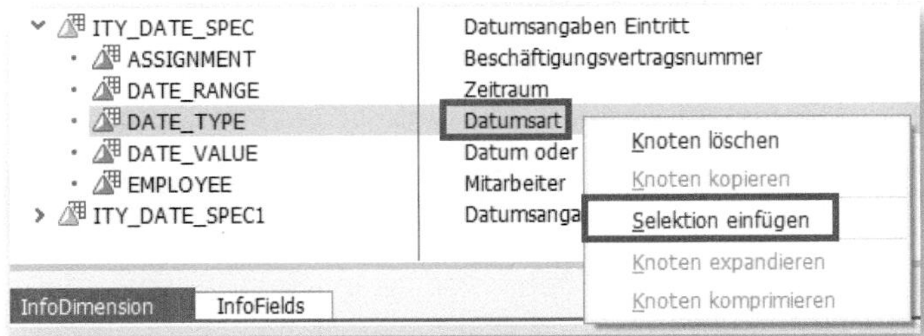

Abbildung 3.14: Selektion einfügen

Immer, wenn wir dieses Icon vor einer InfoDimension sehen, wissen wir, dass hier Daten selektiert, aber auch ausgeschlossen sein können. Wie Abbildung 3.15 zeigt, erscheint nun unterhalb des InfoStars eine weitere Karteikarte SELEKTIONEN.

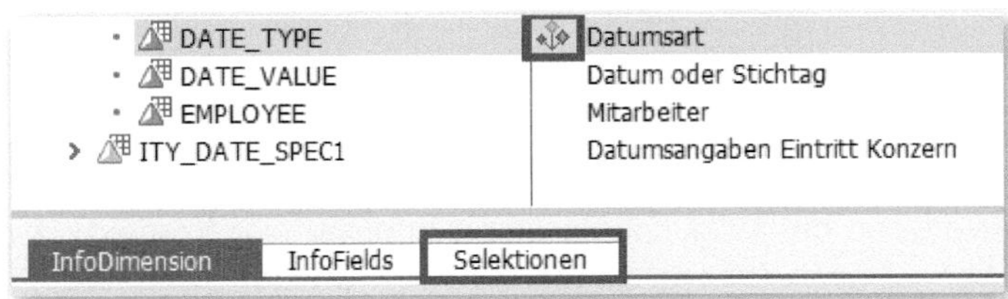

Abbildung 3.15: Karteikarte Selektionen

Nun können wir die Datumsart festlegen (Abbildung 3.16), die hier ausgegeben werden soll. Für den ersten InfoStar wählen wir **01** für das **technische Eintrittsdatum**.

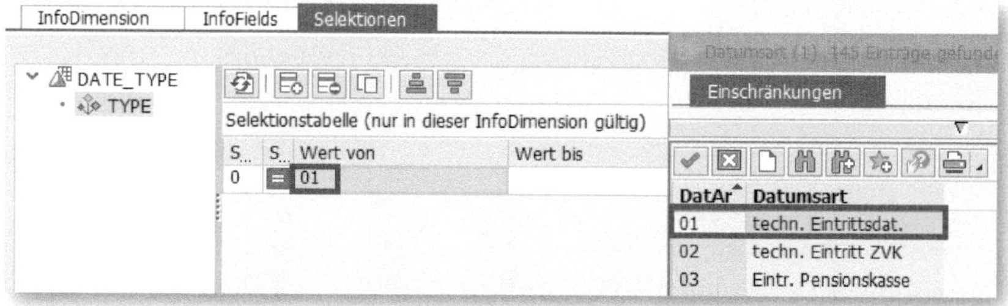

Abbildung 3.16: Selektion Datumsart

Mit dem zweiten InfoStar verfahren wir genauso, wählen aber hier die Datumsart »07«, die uns die Datumsart »Eintritt Konzern« liefert.

Kontrolle der Selektionen

Wenn Sie mit einem kopierten Standardformular arbeiten, schauen Sie sich die einzelnen Stars genau an. Fehlt eine Lohnart? Ist sie eventuell in der Selektion ausgeschlossen oder muss sie hinzugefügt werden? Ist diese Lohnart ausgeschlossen, können Sie sie hier erneut einfügen, und sie wird wieder angezeigt. Diese Vorgehensweise, also als Erstes die Selektion zu überprüfen, erspart oft eine lange Fehlersuche und Frust beim Formularersteller.

3.4.3 InfoStar im Kontext kopieren

Es gibt des Weiteren die Möglichkeit, einen InfoStar »im Kontext« zu kopieren – dies ist sogar etwas einfacher. Aber warum zwei Wege? Wo liegt der Unterschied? Die Antwort ist eigentlich ganz einfach:

- Wenn Sie einen InfoStar kopieren wollen, um mithilfe eines einzigen Parameters den Ausschluss anderer Anzeigemöglichkeiten zu erreichen, ist das Kopieren im InfoNet eine einfache Option.

- Haben Sie jedoch mehrere Parameter, so ist die Kopie im Kontext die richtige Option.

Eine Kontext-Kopie anzulegen, geht sehr einfach: Markieren Sie im Bereich der Schnittstelle den zu kopierenden InfoStar (siehe Abbildung 3.17), halten Sie die Taste gedrückt und schieben Sie den Star nach rechts in den Kontext. Sie sollten sich vorher natürlich Gedanken gemacht haben, wohin der InfoStar verschoben werden soll.

Abbildung 3.17: InfoStar – Kopie im Kontext

Positionieren Sie den Mauszeiger genau auf den Ordner, unter dem der neue Star eingeordnet werden soll, und lassen Sie diesen dort »fallen«, also einfach nur die Taste loslassen, und schon ist er an der gewünschten Stelle. Der Star öffnet sich komplett, und bei Namensgleichheit zu einem existierenden Star wird die Bezeichnung automatisch hochnummeriert (siehe Abbildung 3.18).

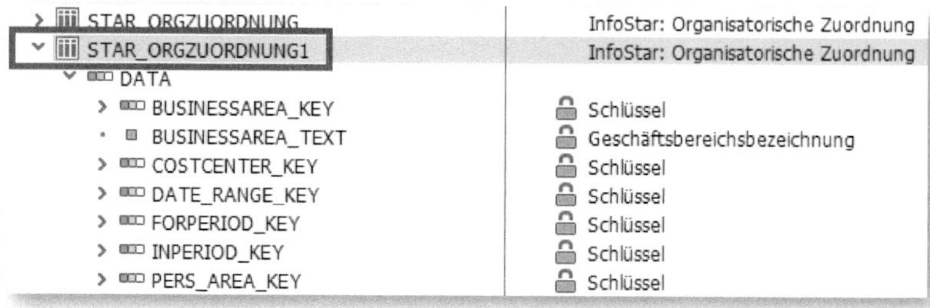

Abbildung 3.18: InfoStar-Kopie

Nun können Sie, wie in Abbildung 3.19 gezeigt, Ihre Detail-Einstellungen vornehmen. Hier empfiehlt sich folgendes Vorgehen:

1. Umbenennung des InfoStars,
2. nicht benötigte Felder inaktiv setzen,
3. Bedingungen einfügen.

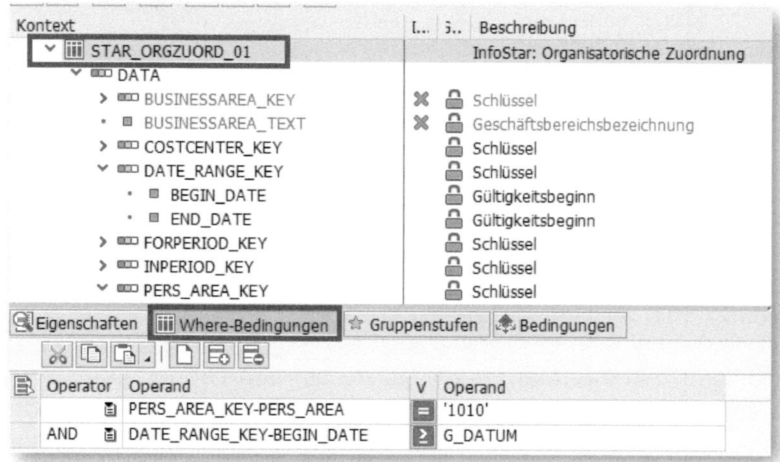

Abbildung 3.19: InfoStar bearbeiten

Und, wie immer, das »Streichholz« nicht vergessen!! Erst das Aktivieren macht Ihre Änderungen wirksam. Mitunter kann es sogar notwendig sein, das Layout zu verlassen und das Formular in der Übersicht von HR FORMS (siehe Abbildung 3.20) komplett zu aktivieren – sicher ist sicher.

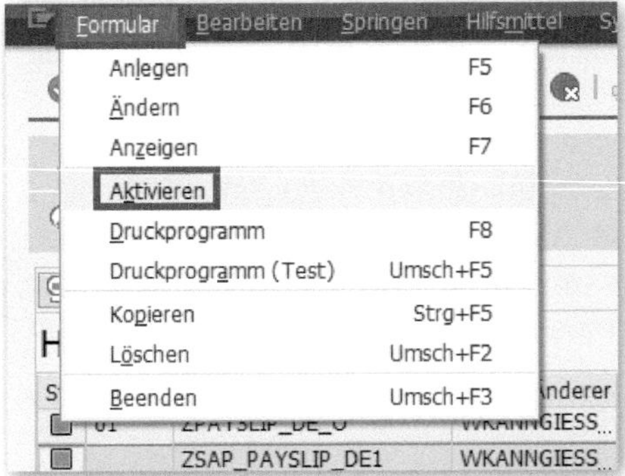

Abbildung 3.20: Formular aktivieren

Formular komplett aktivieren

Wir erinnern uns: In HR FORMS werden für ein Formular drei unterschiedliche Objekte automatisch erzeugt: Das Formular selbst, eine Schnittstelle für das Formular und ein Druckprogramm, mit dem dieses Formular angezeigt oder gedruckt werden kann. Wenn im *Layout* eine Änderung durchgeführt und aktiviert wurde, ist nur ein Objekt, nämlich die Schnittstelle, aktiviert worden. In manchen Systemen reicht diese einfache Aktivierung aus, um die gewünschte Änderung zu realisieren, in manchen, meist älteren Systemen, aber nicht. Daher die Empfehlung, das Formular in der Übersicht HR FORMS komplett zu aktivieren, da an dieser Stelle alle drei Objekte zugleich aktiviert werden.

3.5 Formular kopieren

Um ein firmenspezifisches Formular zu erstellen, nehmen wir als Beispiel den aktuellen Entgeltnachweis, ist Kopieren die richtige Vorgehensweise.

SAP-Hinweise für EGN beachten

Wenn Sie das Formular kopiert haben, beinhaltet es einen »Releasestand«, der schon in absehbarer Zeit nicht mehr dem aktuellen Stand entsprechen kann. Lassen Sie sich die Hinweise von SAP für das Formular von Ihren abrechnenden Kollegen regelmäßig zur Verfügung stellen und entscheiden Sie, ob es erforderlich ist, das eigene Formular anzupassen. Viele Änderungen können per *SNOTE* eingespielt, andere müssen manuell eingearbeitet werden.

Los geht es: Am Beispiel des aktuellen Entgeltnachweises kopieren wir ein Formular!

HR-Formular-Workplace

HR-Formulare: Übersicht

St...	LdGrp	Name HR-Formular	letzter Änderer	ÄndDatum
	01	SAP_IW_WOSTT	JUSCHKA	08.02.2006
		SAP_IW_WSTT_DE	JUSCHKA	08.02.2006
		SAP_PAYRACC_DE	SAP	21.09.2016
		SAP_PAYSLIP_DE	SAP	18.02.2010
		SAP_PAYSLIP_DE_O	SAP	19.10.2016

Abbildung 3.21: Formular kopieren

Das Icon in Abbildung 3.21 ist bekannt und hat auch hier genau die Funktion, die wir brauchen. Wir werden dann nach dem Namen für das neue Formular gefragt, und natürlich gibt es hier etwas zu beachten:

- Die ersten drei Stellen dürfen keinen Unterstrich enthalten,
- uns stehen insgesamt nur 16 Zeichen für den Namen zur Verfügung,
- er muss im Z-Namensraum angelegt sein.

Wir geben den Namen **ZSAP_PAYSLIP_DE1** ein und müssen außerdem die richtige Ländergruppierung wählen (siehe Abbildung 3.22).

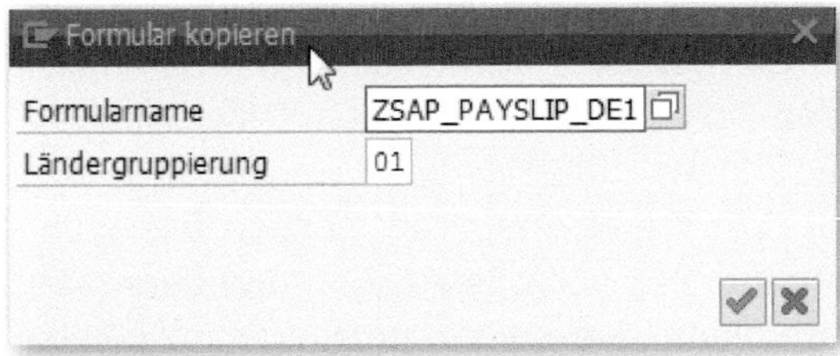

Abbildung 3.22: Kopie benennen

Da es sich um ein Formular handelt, das auf die Daten einer deutschen Abrechnung zugreifen soll, ist hier die Ländergruppierung **01** zu wählen.

Nun ist eine weitere Entscheidung zu treffen: LOKALES OBJEKT oder Transportauftrag (siehe Abbildung 3.23)?

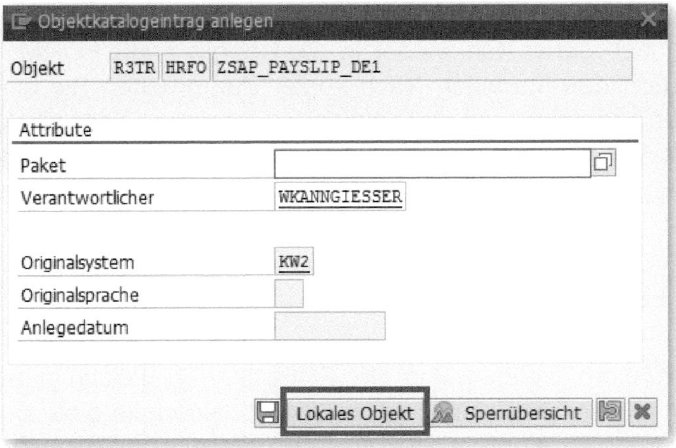

Objektkatalogeintrag anlegen
Objekt R3TR HRFO ZSAP_PAYSLIP_DE1
Attribute
Paket
Verantwortlicher WKANNGIESSER
Originalsystem KW2
Originalsprache
Anlegedatum
Lokales Objekt Sperrübersicht

Abbildung 3.23: Objektkatalogeintrag

Für den Anfang entscheiden wir uns für das *Lokale Objekt*; wenn wir später etwas mutiger sind, dann wollen wir das Formular natürlich auch von unserer Entwicklungsumgebung in die Testumgebung transportieren.

Formular transportieren

Wenn das Formular stattdessen transportiert werden soll, wählen Sie ein PAKET als Zielort aus. Standard hierfür ist das Paket »Z001 = Kunden-Entwicklungsklasse«. Sie können natürlich auch ein eigenes Paket anlegen. Den Transportauftrag müssen Sie nach den Vorgaben Ihres Unternehmens vervollständigen und dann anlegen. Bitte nicht wundern, wenn Sie bei einem Entgeltnachweis über 40 Mal auf die [Enter]-Taste drücken müssen, bis das kopierte Formular erscheint. Hier fragt das System bei jedem Strukturelement (das sind die InfoStars) ein »Enter« ab. Aber das ist auch ganz schnell geschafft.

Wenn Sie das Formular kopiert haben, müssen Sie noch die einzelnen Bestandteile aktivieren. Dazu gehen Sie in den Bearbeitungseditor, siehe Abbildung 4.5, sichern dort das Formular, gehen zurück in den Kontext und aktivieren die Schnittstelle (siehe hierzu auch Abbildung 5.13). Danach gehen Sie wieder in die Übersicht HR FORMS und aktivieren dort das Formular. Nach kurzer Zeit erhalten Sie ein Protokoll mit den Hinweisen auf die aktivierten Elemente. Wenn alles richtig gemacht wurde, ist das Formular zur weiteren Bearbeitung bereit.

3.6 Tipps zu SAP-Standardformularen

Welche Art Formulare finden wir in HR FORMS? Sie wissen nun, dass es Entgeltnachweise, Zeitnachweise und Lohnjournale gibt, die je nach Ländergruppierung mehr oder weniger ausgeprägt, also verwendbar sind. Für Deutschland sieht es gut aus, hier können wir die entsprechenden Standardformulare verwenden. Die Philosophie der SAP zur Nutzung dieser Formulare ist, einfach ausgedrückt, folgende: Nimm das Formular, ersetze das SAP-Logo mit Deinem Logo, und schon ist alles gut. Wir kennen aber auch die verschiedenen Anforderungen an die Umsetzung der Firmen-Corporate-Identity, und wenn wir schon einen Editor haben, der so viel leisten kann, soll das

Formular auch entsprechend aussehen. Allein diese Anforderung macht es notwendig, dass wir das Formular bearbeiten. Außerdem gibt es, gerade beim Entgeltnachweis, eine Vielzahl von Erfordernissen die Darstellung von Informationen und Lohnarten betreffend, sodass hier das Standardformular nicht ausreicht. Werfen wir also einen genaueren Blick auf die Besonderheiten einiger Formulare – ich beschränke mich im Weiteren auf den Entgeltnachweis und den Zeitnachweis.

3.6.1 Entgeltnachweis SAP_PAYSLIP_DE_O

Wir haben es hier mit einem äußerst komplexen Formular zu tun, welches seit Jahren immer wieder an die Anforderungen der Kunden und schließlich auch der Entgeltbescheinigungsverordnung *EBeschV* angepasst wurde. Der Vorgänger war das Formular SAP_PAYSLIP _DE_P; dieses wird offiziell nicht mehr gewartet, ist aber noch viel im Einsatz. Der große Unterschied zum Vorgänger ist, dass es heute bei Rückrechnungen für einzelne Teile der organisatorischen Daten eine Ansicht aus der Perspektive der Für-Periode gibt. Das bedeutet, dass z. B. für einen Mitarbeiter, bei dem sich im Januar die Kostenstelle geändert hat und im Februar eine Rückrechnung auf den Vormonat erfolgte, diese unterschiedlichen Kostenstellen angezeigt werden. Früher wurden auf allen Seiten der Entgeltabrechnung immer ausschließlich die Daten aus der In-Periode angezeigt. Ich kann die neue Anforderung nur bedingt nachvollziehen, weil ich das Formular aus der Sicht eines Mitarbeiters sehe. Die Brille des Abrechners kann ich mir nicht aufsetzen, und ich habe in den letzten Jahren viele Diskussionen geführt, was nun auf einen Entgeltnachweis gehört und was nicht. Ein wenig Verständnis kann ich schon aufbringen. Es gab jahrelang keine Verordnung, sondern nur Empfehlungen und Richtlinien dafür. Außerdem wurden in dem alten Formular über viele Jahre Änderungen von Abrechnern und Programmierern vorgenommen, die man auf dem neuen Formular ebenfalls wiederhaben möchte. Erwarten Sie jedoch nicht, dass im Standardformular alle Anforderungen bereits vorhanden sind. Die meisten in den letzten Jahren im alten Formular programmierten Änderungen müssen im neuen Formular, wenn überhaupt realisierbar, erneut programmiert werden.

Wie ist das Entgeltnachweis-Formular aufgebaut?

Es handelt sich um ein Formular, bei dem die SAP für Sie schon die meisten Daten aus dem SAP MetaNet in das InfoNet übertragen und die Namensgebung angepasst hat.

Aus dem folgenden MetaNet wurden die unterschiedlichen InfoNets gebaut:

- Basisbezüge,
- Zeitbezüge,
- Be- und Abzüge, wie z. B. »Abzüge Summenlohnarten« oder Zusätze.

All diese InfoNets werden im Formular benötigt, um die Anzeige entlang der EBeschV sicherzustellen (siehe Abbildung 3.24).

PAY_RESULT	Ergebnis für Abrechnungszeitraum
ASSIGNMENT	Beschäftigungsvertragsnummer
COSTCENTER	Kostenstelle
CTRL_AREA	Kostenrechnungskreis
EMPLOYEE	Mitarbeiter
EMPLOYEE_GROUP	Mitarbeitergruppe
EMPLOYEE_SGROUP	Mitarbeiterkreis
EVALCLASS02	Lohnartengruppierung in Auswertungsklasse 02
EVALCLASS03	Lohnartengruppierung in Auswertungsklasse 03
FORPAYROLL_AREA	Für-Abrechnungskreis
FORPERIOD	Für-Periode
FORPERIOD_DATS	Beginn- und Endedatum der Für-Periode
FORPERIOD_ID	Für-Periode
INPAYROLL_AREA	In-Abrechnungskreis
INPERIOD	In-Periode
INPERIOD_DATS	Beginn- und Endedatum der In-Periode
INPERIOD_ID	In-Periode
LEGAL_PERSON	Juristische Person
NAT_ASSIGNM	Nationale Zuordnungskennzeichen
PSG_AGE_DE	Dienstalter (Öffentlicher Dienst Deutschland)
PSG_BONUS_DE	Familienzuschläge Öffentlicher Dienst Deutschland
PSG_SERVICE_DE	Dienstart/-unterart Öffentlicher Dienst Deutschland
RESULT_RETRO	Kennzeichen Rückrechnung
RESULT_STATUS	Kennzeichen Aktualität des Satzes
VALIDITY_DATE	Stichtag
VAR_ASSIGN_INFO	Information variable Zuordnung
VAR_ASSIGN_TYPE	Typ variable Zuordnung
WAGETYPE	Lohnart
PAY_AMOUNT	Betrag
PAY_NUMBER	Anzahl
PAY_RATE	Betrag pro Einheit

Abbildung 3.24: MetaNet – Abrechnungsergebnisse

Sie erkennen den MetaStar PAY_RESULT an den Eigenschaften wieder und bemerken sicher auch, dass hier nur das übrig geblieben ist, was für die Anzeige der Basisbezüge notwendig ist.

Im InfoNet sieht der Star BASISBEZUEGE wie in Abbildung 3.25 aus:

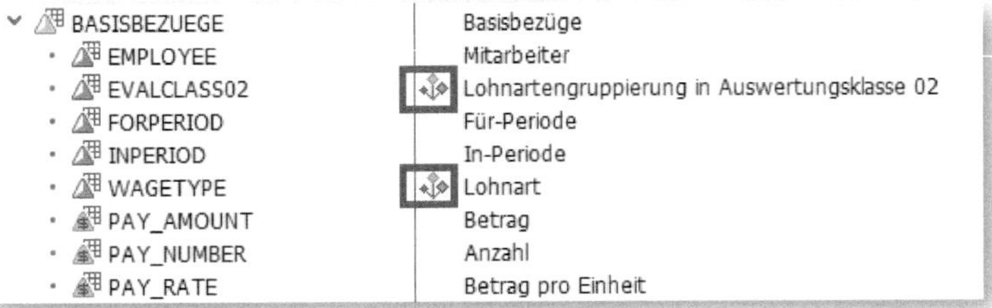

Abbildung 3.25: InfoStar »Basisbezuege«

Steuerung über SAP-Funktionsbaustein

In Abbildung 3.25 sehen Sie die Selektionsfelder für die Auswertungsklasse und für die Lohnarten. Sie kennen diese vermutlich bereits aus der Anlage Ihrer eigenen Lohnarten in der Tabelle T512W. Wichtig ist, dass es in diesem Formular zusätzlich zur Schnittstelle noch einen zentralen Funktionsbaustein gibt, der u. a. auf diese Selektionen zugreift und die Lohnarten zur Anzeige bringt. Dieser Funktionsbaustein wird von der SAP sehr oft angepasst und regelt besonders die Anzeige der technischen SAP-Lohnarten. Bei kundeneigenen Lohnarten kann es passieren, dass nachgearbeitet werden muss.

Wenn wir uns jetzt den Kontext des Formulars ansehen, stellen wir fest, dass die InfoStars der ganzen Lohnarten versteckt sind. Wir finden Sie erst, wenn wir den MetaStar PERIODE öffnen (Abbildung 3.26).

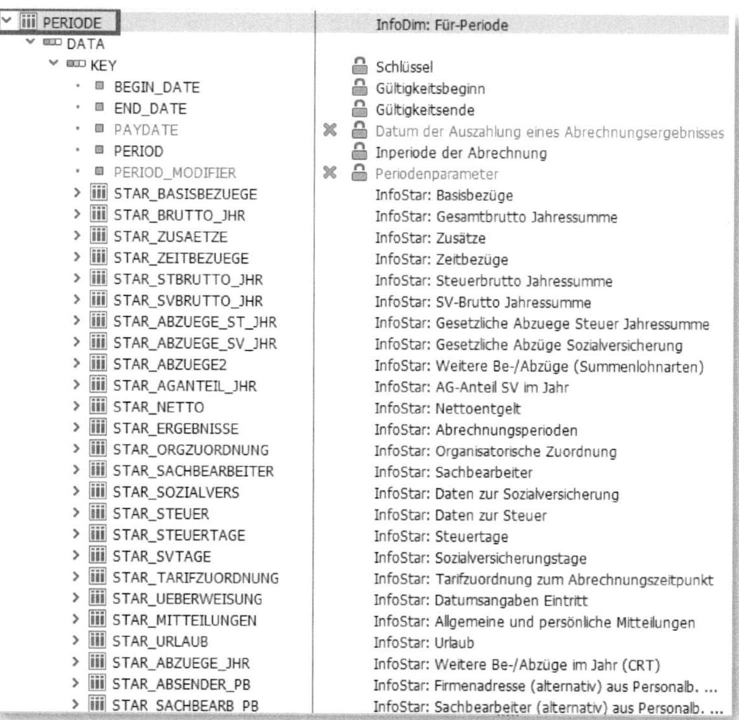

Abbildung 3.26: Kontext InfoStar »Periode«

Das ergibt natürlich Sinn, wenn wir unseren Entgeltnachweis nach der *EBeschV* erzeugen wollen. Die Verordnung besagt, dass wir für jeden Monat eine Abrechnung erzeugen müssen. In anderen Ländern muss lediglich an der Lohnart gekennzeichnet werden, in welchem Monat sie entstanden ist. Also wurde es von SAP so eingerichtet, dass alle in der gleichen Für-Periode entstandenen Lohnarten auch angezeigt werden. Gibt es für den Monat keine Lohnartensätze mehr, prüft das Programm auf Lohnarten aus einer vorherigen Periode und schaut zudem nach, ob es ein Rückrechnungskennzeichen gibt. Ist das der Fall, macht das Formular unabhängig davon, ob die Seite schon voll ist, einen Seitenumbruch und zeigt die Rückrechnungen auf den nachfolgenden Seiten an. Im Entgeltnachweis-Formular wird standardmäßig die aktuelle Periode mit Überweisungsdaten und Urlaub auf der ersten Seite angezeigt. Bei den nachfolgenden Seiten kann noch entschieden werden, ob der ganze Rückrechnungsmonat oder nur die Differenzdarstellung auf den Folgeseiten der Rückrechnungen angezeigt werden soll.

Außerdem haben wir in dem STAR_BASISBEZUEGE ein schönes Beispiel, wie man die Ausgabe der Datensätze für das Formular mit den WHERE-BEDINGUNGEN im InfoStar steuert (siehe Abbildung 3.27).

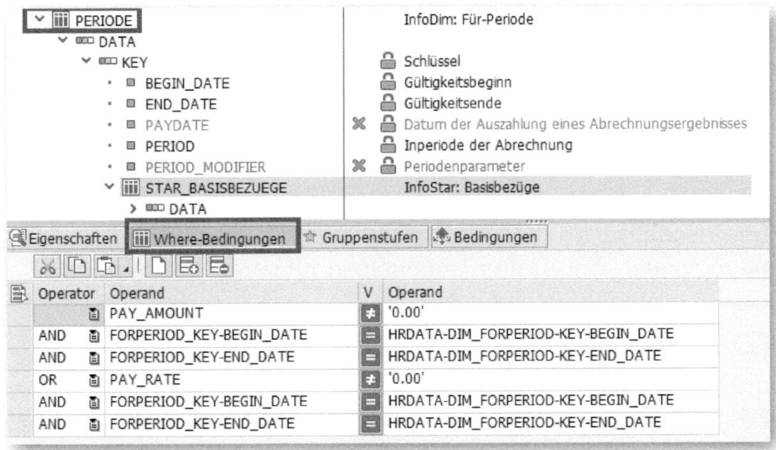

Abbildung 3.27 : InfoStar »Basisbezuege« im Kontextmenü

Was sagen uns diese Einstellungen? Aus der ersten Zeile geht ganz klar hervor: Wir wollen hier keine Datensätze sehen, bei denen das Feld PAY_AMOUNT (Betrag) gleich Null ist. Auch soll kein Datensatz angezeigt werden, bei dem das Feld PAY_RATE (Betrag pro Einheit) gleich Null ist. Außerdem sollen nur Datensätze angezeigt werden, deren Beginndatum gleich dem Beginndatum der Für-Periode ist. Dasselbe ist für das Endedatum eingerichtet. Dies hat beispielsweise zur Folge, dass bei kundeneigenen Lohnarten für die Basisbezüge kein Datensatz erzeugt werden darf, der im Datenfeld PAY_AMOUNT einen Wert von 2000,00 € und im Feld PAY_RATE einen Wert von 0,00 € ergibt.

Bei den **Zeitbezügen** sehen die Bedingungen schon wieder anders aus, weil hier durchaus öfter Datensätze generiert werden, bei denen in den Feldern für Betrag, Betrag pro Einheit oder Anzahl Werte mit

0,00 geliefert werden. Hier kommt wieder die Tabelle T512W ins Spiel. Neben vielen abrechnungsrelevanten Einträgen zeigt sie uns wichtige Parameter, an denen wir erkennen können, wie die Anzeige einer Lohnart im Entgeltnachweis gesteuert wird.

Tabelle T512W

In der Tabelle T512W befinden sich Objekte der »Personalabrechnung« und der »Personaladministration« zur Differenzierung von Geldbeträgen oder Zeiteinheiten, die in unterschiedlicher Weise zur Berechnung des Mitarbeiterentgelts verwendet werden. Mithilfe von Lohnarten werden im SAP-System Beträge oder Zeiteinheiten voneinander abgegrenzt, die verschiedenen betriebswirtschaftlichen Zwecken dienen und während eines Abrechnungslaufs vom System unterschiedlich verarbeitet werden.

Der fröhliche Abrechnungskollege oder der Berater, der die Lohnarten einrichtet, sollte die in Abbildung 3.28 gezeigte Einstellung in dieser beliebten Tabelle kennen.

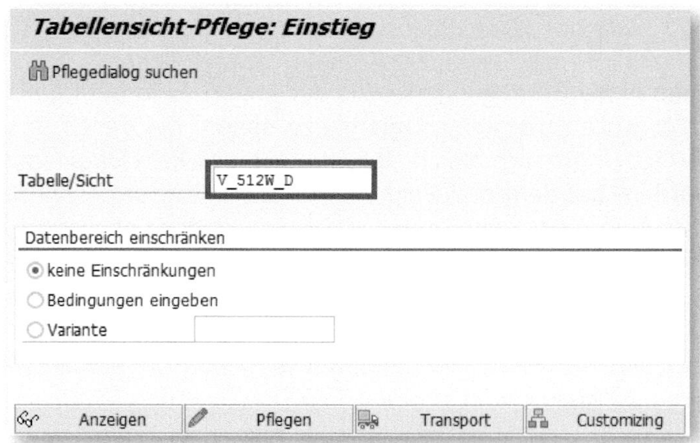

Abbildung 3.28: Tabelle_T512W_View

Die Transaktion **SM30** bringt uns in die Tabellenübersicht des Systems, und der *View* **V_521W_D** bringt uns zu den Lohnarten. Doch wie kommen Sie zu den sogenannten *Views*? Ganz einfach: indem Sie die Tabelle **T512W** in das Suchfeld eingeben und dann auf den Button PFLEGEDIALOG SUCHEN in Abbildung 3.29 klicken.

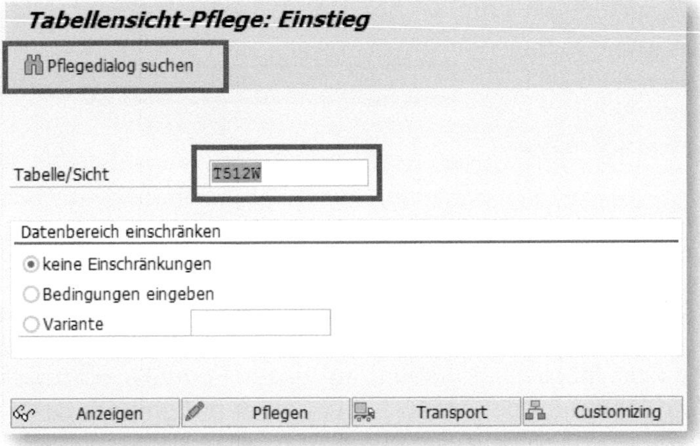

Abbildung 3.29: SM30 – Pflegedialog suchen

In einem Auswahlfenster (Abbildung 3.30) werden Ihnen daraufhin die möglichen *Views* angezeigt. Sie wollen sich die Auswertungsklassen ansehen. Durch **Klick** auf den entsprechenden Eintrag gelangen Sie in den gewünschten *View* der Tabelle T512W.

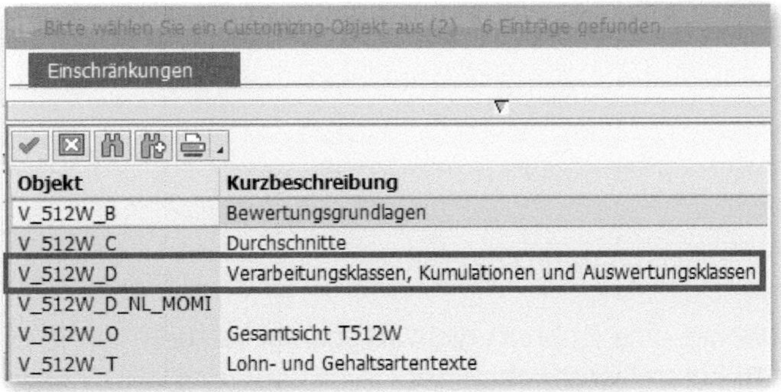

Abbildung 3.30: Pflegeview –Tabelle T512W

Wir suchen uns eine kundeneigene Lohnart aus, klicken diese doppelt an und finden in der Übersicht der AUSWERTUNGSKLASSEN (Abbildung 3.31) das, was uns besonders interessiert.

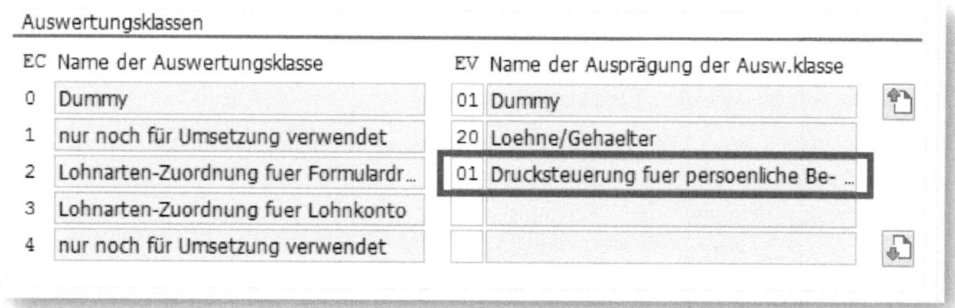

Auswertungsklassen

EC	Name der Auswertungsklasse	EV	Name der Ausprägung der Ausw.klasse
0	Dummy	01	Dummy
1	nur noch für Umsetzung verwendet	20	Loehne/Gehaelter
2	Lohnarten-Zuordnung fuer Formulardr...	01	Drucksteuerung fuer persoenliche Be- ...
3	Lohnarten-Zuordnung fuer Lohnkonto		
4	nur noch für Umsetzung verwendet		

Abbildung 3.31: T512W – Auswertungsklassen

Drucksteuerung ist das Zauberwort, und wenn wir uns die Eingabemöglichkeiten in Abbildung 3.32 einmal ansehen, stellen wir fest, dass wir hier eine Möglichkeit haben, auf unser Formular einzuwirken, bevor wir überhaupt begonnen haben, an dem Formular zu arbeiten.

Ausprägung der Auswertungsklasse (1) 9 Einträge gefunden

Einschränkungen

Ländergruppierung: 01
Auswertungsklasse: 02

Ausprägung	Bezeichnung der Ausprägung der Auswertu
	Druck auf dem Formular ohne spezifische Zuordnung
00	kein Druck auf dem Formular
01	Drucksteuerung fuer persoenliche Be- und Abzuege
02	Drucksteuerung fuer Lohnarten die ins Brutto (/101) fliessen
03	Drucksteuerung fuer Lohnarten aus Zeitbezuegen die ins Brutto

Abbildung 3.32: Drucksteuerungsklassen

Sollte beispielsweise eine Lohnart nicht angezeigt werden, lohnt es sich, zunächst zu kontrollieren, ob in der Drucksteuerung alles richtig ist. Die Steuerungszeichen **01, 02** und **03** sprechen für sich. Das

Kennzeichen **00** besagt eindeutig, dass diese Lohnart nicht auf dem Entgeltnachweis erscheinen soll. Dies zu ändern, besonders bei SAP-eigenen technischen Lohnarten, bringt nichts, weil die Tabelle meist bei einem der System-Patches wieder die ursprünglichen Kennzeichen setzt.

Ist bei der Kennzeichnung nichts (blank) eingetragen, signalisiert uns das, dass wir diese Lohnarten in einem der Stars manuell in den Lohnartenselektionen unterbringen müssen. Keine Panik! Auch wenn Sie hier die Ausgabe ändern, der Lohnart passiert in Bezug auf die Abrechnung nichts.

3.6.2 Zeitnachweis SAP_TIM_99_003

Der *Zeitnachweis* ist ein für alle Länder geeignetes Formular und findet sich in der Ländergruppierung 99 (weltweit). Wenn Sie sich das InfoNet einmal ansehen, werden Sie feststellen, dass es sich eindeutig von dem des Entgeltnachweises unterscheidet. Eigentlich ist alles da, was das Herz des Zeitwirtschaftlers begehrt. Die Besonderheit in diesem Formular liegt auch nicht in der Datenbereitstellung, sondern im Formular selbst. Hier wurde bereits sehr viel programmiert, was normalerweise erst in der Schnittstelle passieren sollte. Böse Zungen sagen, dass derjenige, der das Formular gebaut hat, kein ABAP konnte und deshalb alles in JavaScript programmiert hat. Ob das stimmt oder nicht, weiß ich nicht. Es würde aber einiges erklären.

Die erste Besonderheit am Formular ist, dass Sie unbedingt die *Wochenperiodenparameter* (ja, dieses Wort gibt es wirklich) in der Tabelle T549 aktuell gepflegt haben müssen. Wenn diese Angaben fehlen, erhalten Sie ausschließlich leere Zeitnachweise.

Die Tabelle finden Sie wieder in der Transaktion **SM30**, und dort wählen Sie den View V_T549Q mit dem Periodenparameter **03** aus. Hier sollten Sie mindestens für die nächsten Jahre pro Woche (Montag bis Sonntag) jeweils einen Eintrag haben (siehe Abbildung 3.33).

Sicht "Abrechnungsperioden" anzeigen: Übersich

Periodenparameter 03 1-wöchentlich

Abrechnungsperioden

Abr.jahr	AbrPeri...	Beginn	Ende	VorAbrJ...	VorAbrPer
2016	37	12.09.2016	18.09.2016	2016	36
2016	38	19.09.2016	25.09.2016	2016	37
2016	39	26.09.2016	02.10.2016	2016	38
2016	40	03.10.2016	09.10.2016	2016	39
2016	41	10.10.2016	16.10.2016	2016	40
2016	42	17.10.2016	23.10.2016	2016	41
2016	43	24.10.2016	30.10.2016	2016	42
2016	44	31.10.2016	06.11.2016	2016	43

Abbildung 3.33: Wochenperiodenparameter

Ihre Tabelle ist leer? Ich kann Sie beruhigen: Die Einträge müssen nicht manuell erstellt werden. Hierfür gibt es das Programm *RPUCTP20*, das Sie in der **SE38** aufrufen. Hier hilft Ihnen sicherlich ein erfahrener Zeitwirtschaftler, die richtigen Parameter für das Programm einzustellen.

3.6.3 Schnittstellenbearbeitung

Im Prinzip kommen wir in der Umgebung von HR FORMS ohne zusätzliche Programmierung aus. Es kann jedoch Anforderungen geben, die es nötig machen, die Schnittstelle des Formulars doch anzupassen. In diesem Fall wenden wir uns an einen Kollegen unseres Vertrauens, der in der Programmiersprache *ABAP* programmieren kann.

Anforderung an die Schnittstelle

Die Schnittstelle liefert uns aus den Abrechnungsergebnissen einen positiven Wert im Betrags-Feld. Im Entgeltnachweis soll dieser Wert aber negativ dargestellt werden. Das Abrechnungsschema, in dem dieser

Wert erzeugt wurde, soll jedoch nicht geändert werden. In diesem Fall können wir in der Schnittstelle eingreifen und mit einer kleinen Programmierung den Wert als Negativwert darstellen.

Über die Transaktion **SFP** (siehe Abbildung 3.34) können wir die Schnittstelle aufrufen. Der Name der Schnittstelle ist in der HR-FORMS-Übersicht zu finden.

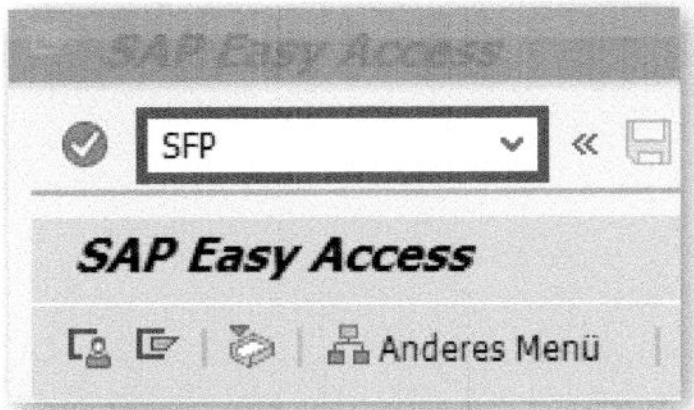

Abbildung 3.34: Transaktion SFP aufrufen

Wurde die Transaktion ausgeführt, kommen wir in eine Auswahlsicht (Abbildung 3.35), in die der Name der Schnittstelle einzugeben ist.

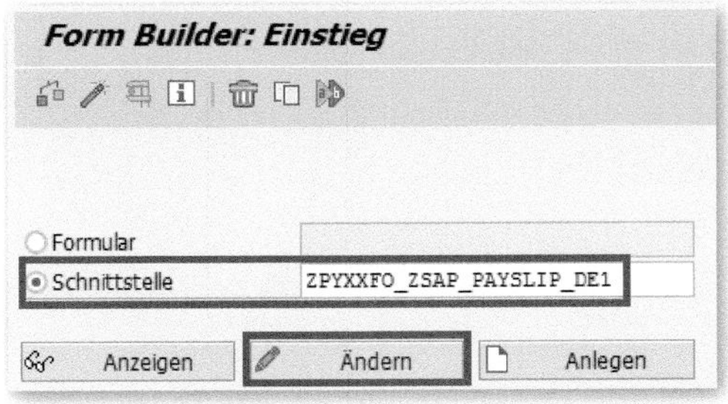

Abbildung 3.35: Einstieg Form-Builder-Schnittstelle

Den Namen der Schnittstelle finden wir in der Übersicht HR FORMS (siehe Abbildung 3.36). Die Schnittstelle hat denselben Namen wie die FORMULAR-DEFINITION.

Wenn wir die Schnittstelle eingegeben und auf Ändern geklickt haben, gelangen wir in eine Programmierumgebung (Abbildung 3.37). Um in das Schnittstellencoding eingreifen zu können, klicken wir auf CODING INITIALISIERUNG.

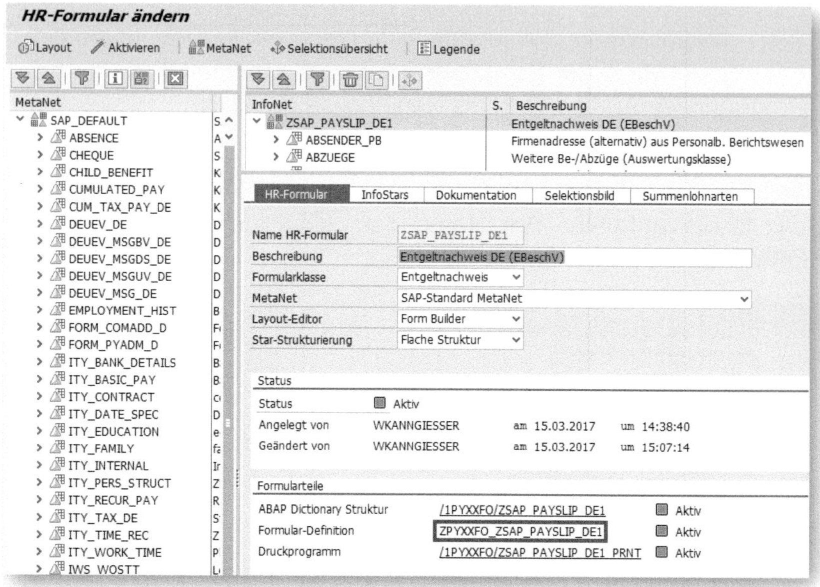

Abbildung 3.36: Name der Schnittstelle für SFP

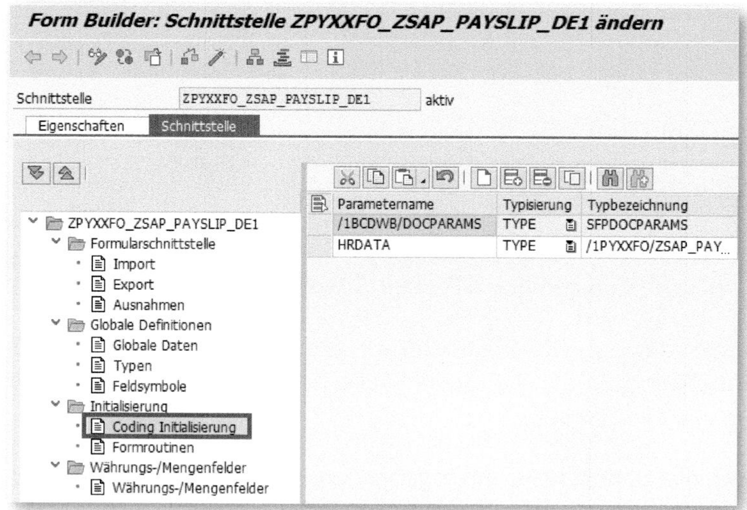

Abbildung 3.37: Schnittstellenumgebung

Anschließend befinden wir uns im Bearbeitungsmodus der Schnittstelle (siehe Abbildung 3.38) und können unsere Anforderung mit ABAP-Coding umsetzen.

Kein Entwicklerschlüssel notwendig

Während normalerweise alle Programmierungen in SAP einen Entwicklerschlüssel erfordern, ist dies in dieser Umgebung nicht vom System gefordert. Sie können ganz einfach loslegen, auch wenn Ihr User keinen zugeordneten Entwicklerschlüssel hat.

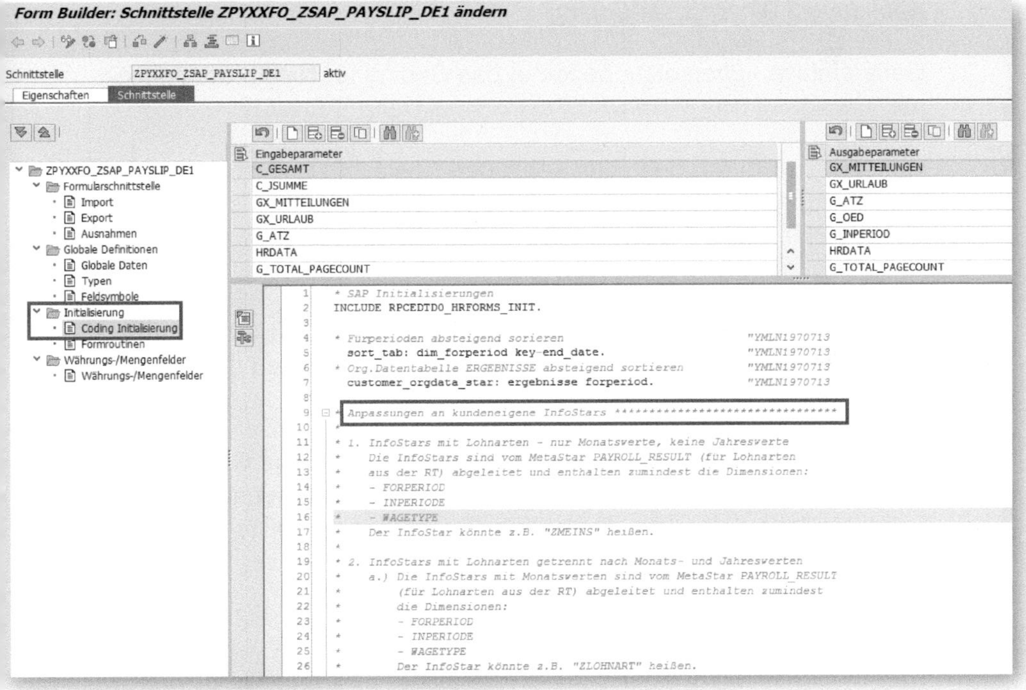

Abbildung 3.38: Coding-Umgebung

Ich habe die oben beschriebene »Anforderung an die Schnittstelle« in Abbildung 3.39 einmal beispielhaft umgesetzt:

```
48  * Customer Initialisierungen ...
49  data:
50    l_abzuege like line of hrdata-star_abzuege.
51
52  loop at hrdata-star_abzuege into l_abzuege.
53    case l_abzuege-wagetype_key-wagetype.
54      when '/PK0'.
55        l_abzuege-pay_amount =  l_abzuege-pay_amount * -1.
56        modify hrdata-star_abzuege from l_abzuege.
57        endcase.
58  endloop.
59
```

Abbildung 3.39: Beispiel-Coding

Ganz einfach »übersetzt« bedeutet das Coding für Nichtprogrammierer:

Gehe (`loop`) durch den Star »Abzüge« (Zeile 52) und schau in die Lohnartenbezeichnung (`wagetype_key-wagetype`). Ist hier der Wert gleich `/PK0` (Zeile 54), dann multipliziere den Wert im Feld Betrag (`pay_amount`) mit -1 (Zeile 55).

Mit diesem kleinen Coding hat der Programmierer die Anforderung umgesetzt, und die Schnittstelle wird den Wert negativ an das Formularfeld weitergeben.

Wie angekündigt, zeige ich Ihnen in Abbildung 3.40 das Coding zum Sortieren der Datensätze am Beispiel einer InfoDimension in der Schnittstelle, mit dem Sie sicherstellen, dass der aktuellste Datensatz zuerst bereitgestellt wird.

```
* Aktuellste Daten des Employee (Adresse, Austritt etc.)
SORT hrdata-dim_employee BY key-begda DESCENDING.
```

Abbildung 3.40: Coding für Datensatzsortierung am Beispiel InfoDimension

3.6.4 Anpassungen in Standardformularen

Meine Empfehlung ist, im Rahmen der Datenbereitstellung so wenig wie möglich an den Standardformularen zu ändern. Im Entgeltnachweis sind die meisten Lohnarten über die Drucksteuerungsparameter der T512W schon richtig parametrisiert, und man geht erfahrungsgemäß erst einmal in den Vergleichstest »altes Formular gegen neues Formular«, um ein Gefühl dafür zu bekommen, wie das neue Formular aufgebaut ist. Im Zeitnachweis müssen wir uns schon etwas mehr Arbeit machen, weil dort erst einmal unsere Zeitarten und Zeitlohnarten in den Selektionsparametern angepasst werden müssen. Je mehr Sie in der Zeitwirtschaft am Standard geändert haben, umso mehr müssen Sie auch im Zeitnachweis in der Datenbereitstellung anpassen.

Das größte Problem der Formulare ist aus meiner Sicht das Layout. Hier haben die Entwickler nicht unbedingt auf Schönheit geachtet, und auch Platz schien bei der Einrichtung keine Rolle zu spielen. Beim alten Entgeltnachweis aus der **PE51** waren die stets erzeugten zwei Seiten pro Abrechnungsperiode immer ein mittleres Ärgernis, denn Papier, Druck- und Portokosten könnten doch so leicht reduziert werden, gäbe es nur eine Seite für eine normale Abrechnung. Um Platz zu sparen, sollte man im neuen Entgeltnachweis als Erstes am Layout arbeiten. Ähnlich ist es im Zeitnachweis. Hier werden sehr viele Informationen im Formular zur Verfügung gestellt, die Sie nicht immer brauchen oder ausgeben wollen. Hier empfehle ich deren Ausblenden im Formular, um dieses übersichtlicher zu gestalten.

Ich werde im Kapitel 4 näher auf die Layoutgestaltung eingehen, wobei dieses Buch keine Bedienungsanleitung für den Adobe LiveCycle Designer ist. Ich werde mich auf einen kleinen Ausflug in den Editor beschränken, um Ihnen zumindest ein paar der wichtigsten Funktionen zu erklären.

Genauere Anleitungen finden Sie z. B. im Praxisbuch »SAP Interactive Forms und Adobe LiveCycle Designer« meiner Autorenkollegen Ulrich Bähr und Axel Treusch, ebenfalls aus dem Verlag Espresso Tutorials, die sehr ausführlich auf die Funktionen dieses Editors eingehen.

4 Der Formulareditor Adobe LiveCycle Designer

In diesem Kapitel gehe ich auf die Gestaltungsmöglichkeiten ein, die Ihnen der Adobe LiveCycle Designer in SAP HCM bietet. Sie werden die Objekte des Editors kennenlernen sowie die Funktionen innerhalb von SAP HCM für die Bearbeitung von Standardformularen in der Umgebung von HR FORMS.

Der *Adobe LiveCycle Designer* ist ein mächtiges Tool zur Gestaltung von Formularen, die später im PDF-Format angezeigt werden sollen. Wer den Designer aus der *Adobe Professional Suite* kennt, wird einige Funktionen vermissen. Deren zusammen mit SAP laufende Version ist in den Funktionen leicht reduziert. Der Designer kann im SAP Market Place (*https://websmp201.sap-ag.de/*) kostenlos heruntergeladen werden. Beachten Sie, dass Sie einen autorisierten SAP-S-User benötigen, um auf dieser Seite die Downloadfunktionen verwenden zu können. Außerdem muss seitens der Basisadministration der SAP-Download-Manager installiert und eingerichtet sein. Er funktioniert allerdings nur zusammen mit einer zusätzlichen Anpassung des SAP GUI. Sollte er nach der lokalen Installation nicht korrekt arbeiten, wurde eventuell die falsche Installationsdatei gewählt. Es sollte immer die Installationsdatei *SetupAll.exe* verwendet werden.

Schulung lohnt sich!

Bitte beachten Sie, dass dieser Editor weitaus anspruchsvoller ist als sonstige Text- oder Präsentationsprogramme, die wir täglich verwenden. Ausprobieren, bis es funktioniert, geht hier leider gar nicht und kann äußerst frustrierend sein. Die Investition in eine gezielte Schulung lohnt sich mit Sicherheit, allein durch Einsparung der vielen Stunden, die Sie gebraucht hätten, um bestimmte Funktionalitäten durch »Try & Error« zu finden (wenn das überhaupt gelingt).

Starten wir nun unseren Ausflug in den LiveCycle Designer. Gehen Sie in der Ansicht HR FORMS in die Übersicht, in der alle Formulare aufgelistet sind (siehe Abbildung 4.1), und wählen Sie ein Formular aus. Es sollte ein abrechnungsrelevantes Formular sein, z. B. das SAP-Standard-Entgeltformular **SAP_PAYSLIP_DE_O**. Markieren Sie das Formular, indem Sie es einmal anklicken, und drücken Sie sodann das Icon mit der Brille. Es öffnet sich der Anzeigemodus.

HR-Formular-Workplace

HR-Formulare: Übersicht

St..	LdGrp	Name HR-Formular	letzter Änderer	ÄndDatum	Änderungszeit	Status..	Status..	Status..	Formularklasse	Layout-Editor	Strukturierung der Stars
	01	SAP_PAYRACC_DE	SAP	21.09.2016	10:21:57	3	3	3	PAYRACC	Form Builder	Flache Struktur
	01	SAP_PAYSLIP_DE		18.02.2010	15:05:13	3	2	3	PAYSLIP	SAP Smart Forms	Geschachtelte Struktur
	01	SAP_PAYSLIP_DE_O		19.10.2016	16:45:22	3	3	3	PAYSLIP	Form Builder	Flache Struktur
	01	SAP_PAYSLIP_DE_P		12.03.2014	12:17:31	3	3	3	PAYSLIP	Form Builder	Flache Struktur
	02	SAP_PAYJNAL_CH		16.09.2009	15:02:03	1	1	1	PAYJNAL	Form Builder	Flache Struktur
	02	SAP_PAYJNAL_CHCE		13.05.2013	10:16:14	3	3	3	PAYJNAL	Form Builder	Flache Struktur
	02	SAP_PAYRACC_CH01		04.12.2006	01:40:27	1	1	1	PAYRACC	Form Builder	Flache Struktur
	02	SAP_PAYRACC_CHCE		19.12.2013	06:55:13	1	1	1	PAYRACC	Form Builder	Flache Struktur
	02	SAP_PAYSLIP_CH		17.07.2013	13:06:40	1	1	1	PAYSLIP	Form Builder	Geschachtelte Struktur
	02	SAP_PAYSLIP_CH03		06.07.2016	18:47:35	3	3	3	PAYSLIP	Form Builder	Geschachtelte Struktur

Abbildung 4.1: HR Forms – Übersicht

Anzeigemodus

Der Anzeigemodus hat auf der einen Seite den Vorteil, dass man alles sehen, aber auch verändern kann. Man kann es nur nicht sichern. Fatal ist es, wenn man meint, sich im Bearbeitungsmodus zu befinden, an verschiedenen Einstellungen arbeitet und dann feststellt, dass man seine Arbeit gar nicht speichern kann. Also immer prüfen, in welchem Modus man sich befindet.

Sie gelangen nun in die Übersicht der verfügbaren Daten des Formulars (siehe Abbildung 4.2.) Da Sie sich hier ein bereits fertiges Formular ansehen, sind schon alle Daten vorhanden.

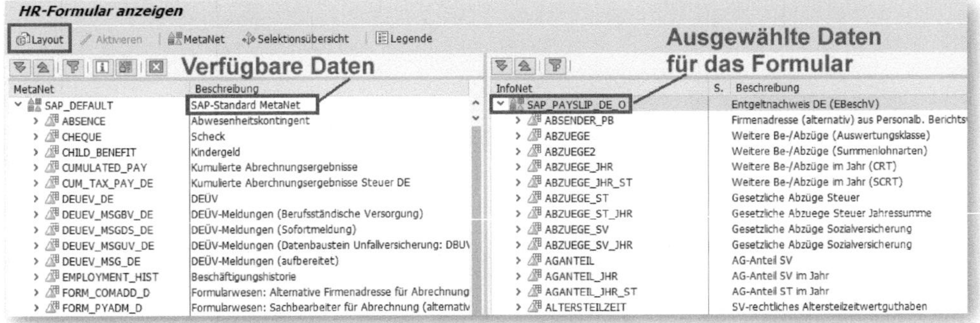

Abbildung 4.2: Formularansicht im Anzeigemodus

Sie wollen in den Editor, um weitere Informationen über das Formular zu sehen? Ganz einfach: Oben links finden Sie das Icon Layout, das Sie in den bereits in Abschnitt 3.2 erläuterten Formularkontext bringt, siehe Abbildung 4.3.

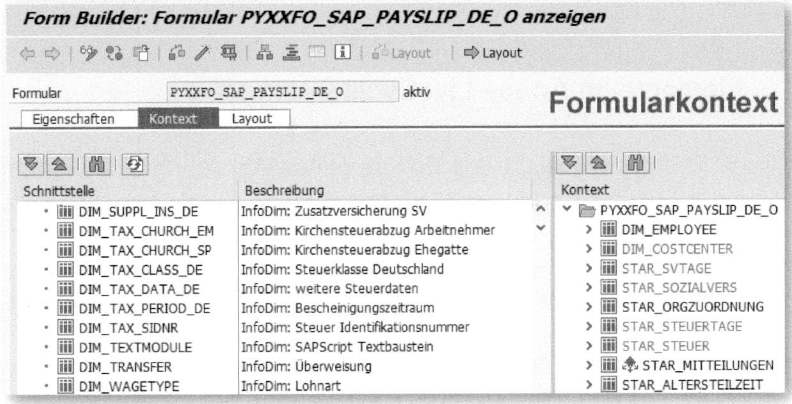

Abbildung 4.3: Formularkontext im Anzeigemodus

Gehen Sie hier nur mittels Klick auf die Karteikarte LAYOUT (siehe Abbildung 4.4) weiter. Oben rechts sehen Sie noch das Icon Layout. Dieses bitte nicht verwenden. Der Unterschied ist, dass ich mit dem Klick auf das Icon ausschließlich die Editor-Umgebung erhalte. Bei Klick auf den Karteireiter komme ich in die gleiche Umgebung, habe aber auch alle SAP-Funktionen zur Verfügung.

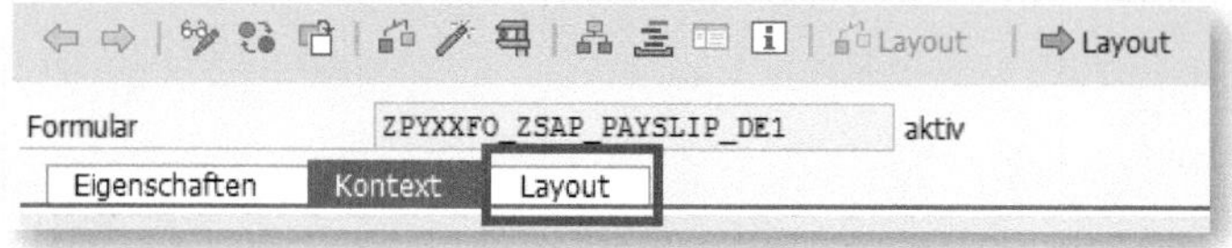

Abbildung 4.4: Absprung in den Editor

Spracheinstellung

Wenn Sie den Editor das erste Mal starten, kann es sein, dass er in Englisch erscheint. Möchten Sie ihn lieber auf Deutsch verwenden, gehen Sie einfach noch einmal aus der Übersicht heraus und öffnen ihn erneut. Dann erkennt er die Ländereinstellung des verwendeten Rechners und startet in Deutsch bzw. in der eingestellten Sprache.

4.1 Elemente im Adobe LiveCycle Designer

Ja, auch in der Vollansicht des Editors (siehe Abbildung 4.5) werden wir von der Fülle der angezeigten Informationen förmlich erschlagen. Da wir für die Ansicht das SAP-Standard-Formular ausgesucht haben, steht uns bereits ein fertiges Formular zur weiteren Begutachtung zur Verfügung. Wir sehen im oberen Bereich die bekannte SAP-Menüleiste und etwas darunter einige Werkzeugleisten. Im linken Fenster werden zwei Reiter angeboten: Hierarchie und Datenansicht. Rechts erkennen wir das kopierte Formular **SAP_PAYSLIP_DE_O** und die vier weiteren Karteireiter Designansicht, Masterseiten, XML-Quelle und PDF-Vorschau. Ich löse das jetzt zum besseren Verständnis auf.

In der *Hierarchie* finden wir die Struktur unseres Formulars. Jedes Icon hat seine Bedeutung, und Sie erkennen schnell die Eigenschaften der einzelnen Formularobjekte (Abbildung 4.6).

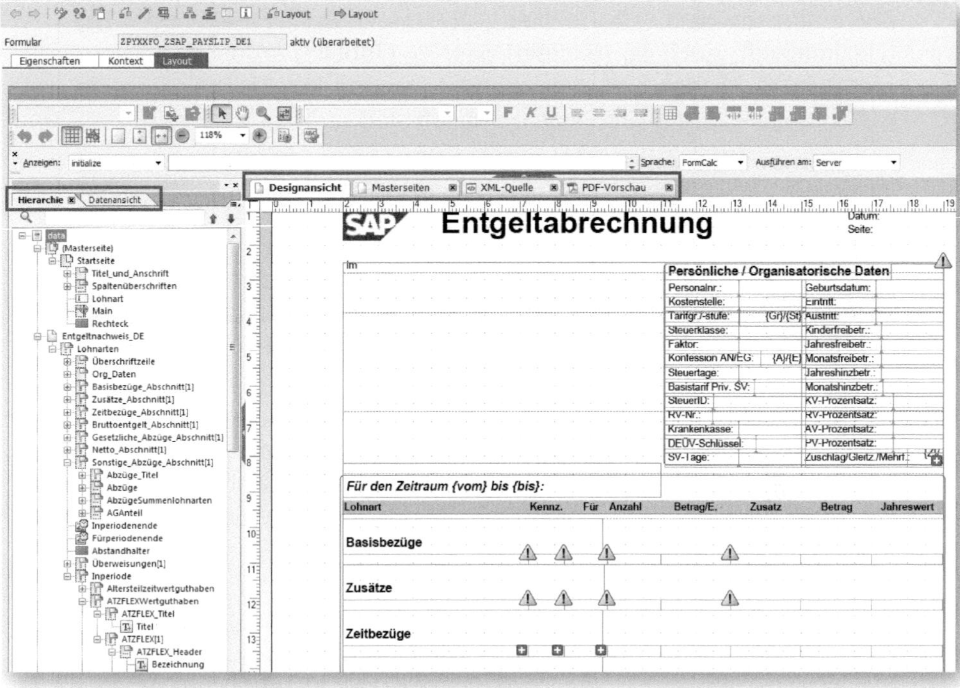

Abbildung 4.5: Editor in der Vollansicht

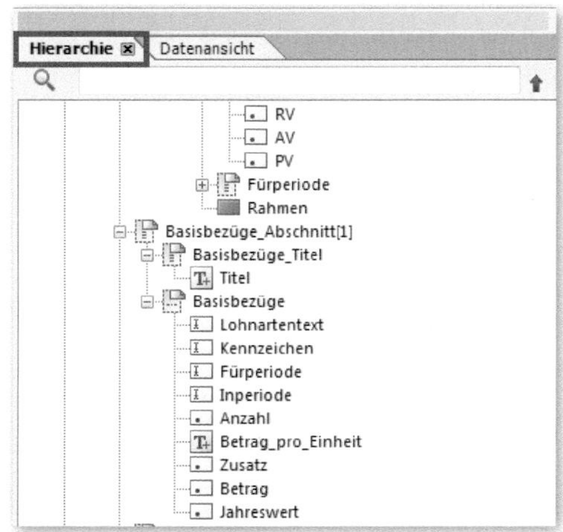

Abbildung 4.6: Formularhierarchie

Die einfachen sind (Textfeld), (numerisches Feld) oder (Dezimalfeld). Auch (Bildfeld) oder (Tabelle) ergeben erst einmal Sinn. Sie finden hier aber auch (sogenannte Teilformulare), in denen andere Formularobjekte enthalten sind.

Teilformulare

Bei einem Teilformular handelt es sich um einen Abschnitt im Formularentwurf, der Positionierungs- und Layout-Funktionen für Objekte zur Verfügung stellt. Die in einem Teilformular enthaltenen Objekte können in Zeilen, Spalten oder auf andere Weise symmetrisch angeordnet werden. In einem Formularentwurf können mehrere Teilformulare verwendet und zudem Teilformulare in andere Teilformulare platziert werden. Sie können Teilformulare außerdem für das Erstellen von Formularen einsetzen, deren Größe automatisch an die Datenmenge angepasst wird. Bei einem Teilformular mit anpassbarer Größe wird das Layout des Formulars je nach der Datenmenge geändert, die beim (erneuten) Ausgeben des Formulars zusammengeführt wird. Dabei wird durch Teilformulare sichergestellt, dass Objekte und die zugehörigen Daten auf konsistente Weise relativ zueinander angeordnet werden.

Die Eigenschaften eines Teilformulars lassen sich in der Palette »Objekt« auf den Registerkarten »Teilformular« und »Bindung« bearbeiten wie im Weiteren beschrieben.

Teilformulare sind ein wichtiger Bestandteil aller PDF-Formulare, da sie auch zur Datenbindung verwendet werden können. Außerdem können Sie ein Teilformular so gestalten, dass es beim Auftreten eines bestimmten Wertes in einem Datenfeld komplett ausgeblendet wird oder erst dann überhaupt erscheint.

In der *Datenansicht* wird es spannender. Hier finden Sie genau die Felder wieder, die sich aktiv im Kontext befinden (siehe Abbildung 4.7). Es sind also alle die Datenfelder, die Sie später mit einem Formularfeld verbinden können.

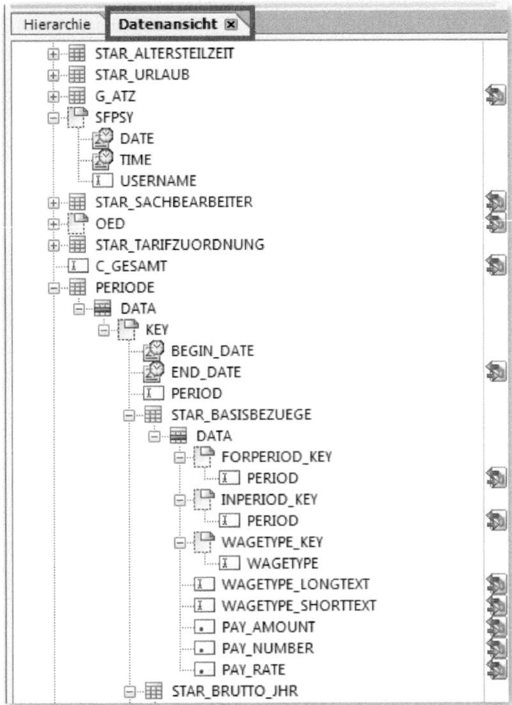

Abbildung 4.7: Datenansicht

Sie erkennen sicherlich die kleinen Icons rechts neben den einzelnen Datenfeldern. Wenn Sie dieses Icon sehen, wissen Sie, dass bereits ein Formularfeld mit diesem Datenfeld verbunden ist. Wenn wir später unser eigenes Formular erstellen, hilft es sehr, hier zu sehen, ob ein Feld bereits verbunden oder frei ist.

Datenbindung per Drag & Drop

Wenn Sie ein nicht verbundenes Datenfeld per Drag & Drop aus der Datenansicht in das Formular ziehen und dort fallen lassen, wird die Datenbindung automatisch erzeugt.

Kommen wir nun zur rechten Seite des Formulars und sehen uns die Reiterstruktur etwas genauer an.

DESIGNANSICHT und MASTERSEITEN geben einen unterschiedlichen Blick auf das Formular. Stellen Sie sich einmal einen Briefbogen vor, auf dem oben rechts ein Logo ist sowie das Datum, der Absender, der Adressat und weitere Bestandteile, die man von einem Briefbogen so kennt. Das wäre unsere *Masterseite*. Auf ihr sind feste Bestandteile unseres Formulars hinterlegt, die sich erst einmal nicht ändern. Wollen Sie, dass auf der zweiten Seite nur noch das Logo und das Datum zu sehen sind? Kein Problem, dann müssen wir eine »Masterseite01« und eine »Masterseite02« anlegen und bei der ersten Masterseite hinterlegen, dass sie nur einmal erscheinen darf. Dies kann man im Bereich »Objekteigenschaften« einstellen.

Die Designseite, oder auch *Designansicht* genannt, ist ein fester Bereich innerhalb der Masterseite, in dem Daten geliefert werden, von denen wir nicht wissen, wie oft sie vorkommen können. Dieser Bereich wird im Editor auch »Inhaltsbereich« genannt. In den verschiedenen Lohnartentabellen des Entgeltnachweises weiß niemand genau, aus wie vielen Lohnarten sich das Gehalt eines Mitarbeiters zusammensetzen kann. Die Gehaltsabrechnung kann eine einzige Basislohnart haben, aber auch Abrechnungen mit ganz vielen Zuschlagslohnarten und Zulagen kommen sehr oft vor, die in der Summe nicht auf eine Seite passen. Und hier kommt der Trick: Ist der Inhaltsbereich der *Designansicht* voll, erzeugt der Editor einen Seitenumbruch, wiederholt die *Masterseite* und erzeugt wieder einen festen Bereich für die Designansicht, in dem weitere Daten aufgefüllt werden können. Es ist zwar manchmal ärgerlich, wenn wegen Kleinigkeiten eine zweite Seite angelegt wird, aber damit müssen Sie leben. Man kann sich noch so bemühen, den Seitenumbruch zu beeinflussen, er wird in einzelnen Fällen dann doch etwas unschön aussehen, weil beispielsweise eine Lohnart zu viel geliefert wurde.

Was finden wir im Reiter XML-QUELLE? Hierzu müssen Sie wissen, das sich hinter dem sichtbaren Bereich eines PDF-Formulars eine XML-Struktur befindet, die neben den Schlüsseln für die Felder und Objekte des Formulars auch die bereits erzeugten Werte (in sich) aufbewahrt. Abbildung 4.8 zeigt ein Beispiel für die XML-Struktur eines Formulars.

Designansicht | Masterseiten | **XML-Quelle** | PDF-Vorschau

```
<?xml version="1.0" encoding="UTF-8"?>
<?xfa generator="AdobeLiveCycleDesignerES_V10.4.0.20121103.1.882846_SAP" APIVersion="3.6.12290.0"?>
<xdp:xdp xmlns:xdp="http://ns.adobe.com/xdp/" timeStamp="2017-03-27T13:27:47Z" uuid="de9ef1e7-5bc1-494e-8528-57
<template xmlns:xliff="urn:oasis:names:tc:xliff:document:1.1" xmlns="http://www.xfa.org/schema/xfa-template/2.5/
   <tags xmlns="http://www.xfa.org/schema/xfa-xliff/1.0/"><value id="6628A885-510E-4FC5-A5EC-19B10F2E1245">Kenn
   <?formServer defaultPDFRenderFormat acrobat8.0static?>
   <?formServer allowRenderCaching 0?>
   <?formServer formModel both?>
   <subform layout="tb" locale="de_DE" name="data">
      <pageSet>
         <pageArea id="Page1" name="Startseite">
            <medium long="297mm" short="210mm" stock="a4"/>
            <subform h="72.47mm" name="Titel_und_Anschrift" w="6.677583in" x="20mm" y="9.53mm">
               <subform h="49.9999mm" name="Allgemeine_Daten" w="169.6106mm">
                  <draw minH="7.9368mm" minW="65.211mm" name="Abstandhalter1" x="27.36mm">
                     <ui>
                        <textEdit/>
                     </ui>
                     <value>
                        <text xmlns:xft-xliff="http://www.xfa.org/schema/xfa-xliff/1.0/" xft-xliff:id="N83" xli
                     </value>
                     <font size="24pt" typeface="Arial" weight="bold"/>
                     <margin bottomInset="0.5mm" leftInset="0.5mm" rightInset="0.5mm" topInset="0.5mm"/>
                  </draw>
```

Abbildung 4.8: XML-Quelle

XML-Struktur

An dieser Struktur etwas zu verändern, ist äußerst kritisch – sie sollte nur von absoluten Fachleuten bearbeitet werden. Ein einziger Fehler kann das gesamte Formular unwiederbringlich unbrauchbar machen.

Zum Reiter PDF-VORSCHAU kommen wir in den Abschnitten 5.7 und 5.8, weil diese Funktion erst relevant wird, wenn Sie gelernt haben, sich eine *Vorschaudatei* selbst zu erstellen und diese mit dem Editor zu verbinden.

4.2 Objektbibliothek

Die *Objektbibliothek* beinhaltet die Objekte, die Sie für die Erstellung eines Formulars benötigen. Sie kommen dorthin, indem Sie in der Formularansicht über den Reiter PALETTEN auf den Eintrag OBJEKTBIBLIOTHEK klicken (siehe Abbildung 4.9). Paletten sind ein wichtiger Bestandteil der Formularfunktionen. Im Abschnitt 4.3 gehe ich noch im Detail darauf ein.

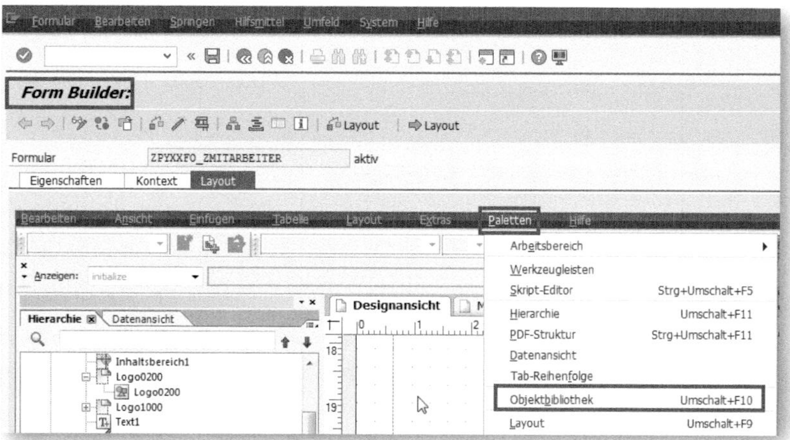

Abbildung 4.9: Objektbibliothek aufrufen

Die Objektbibliothek ist in die in Abbildung 4.10 gezeigten Gruppen aufgeteilt.

Abbildung 4.10: Objektbibliothek

Für Ihr Formular benötigen Sie zunächst Objekte aus der Gruppe STANDARD. In ihr sind alle gängigen Objekte hinterlegt (siehe Abbildung 4.11). In der Gruppe EIGENE können Sie später selbst bearbeitete Objekt in der Bibliothek ablegen, sofern Sie das Objekt in anderen Formularen wiederverwenden wollen.

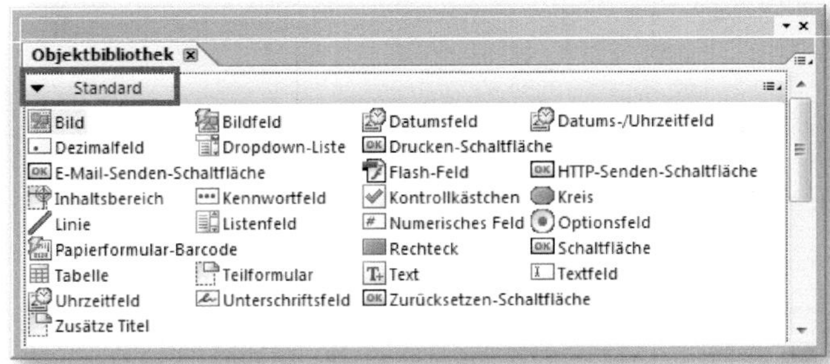

Abbildung 4.11: Objektbibliothek – Standard-Objekte

Die am meisten verwendeten Standard-Objekte sind

- BILD (für Logo),
- TEXT (für Titel),
- TEXTFELD (für Textwerte),
- DATUMS-/UHRZEITFELD (für Formulardatum),
- LINIE (für optische Unterteilungen im Formular,
- NUMERISCHES FELD (für Zahlen),
- DEZIMALFELD (für Zahlen mit Nachkommastellen).

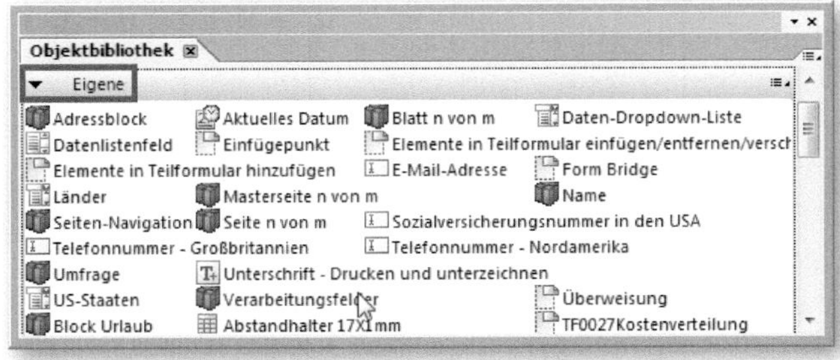

Abbildung 4.12: Objektbibliothek – Eigene Objekte

Abbildung 4.12 zeigt die Gruppe EIGENE, in der Sie Ihre selbsterstellten Objekte hinterlegen können. Sie können sich auch zusätzliche Gruppen in der Bibliotheksübersicht einrichten. Klicken Sie einfach auf das kleine Icon rechts am oberen Rand der Palette. Es öffnet sich ein Kontextmenü (siehe Abbildung 4.13). Geben Sie den Namen der neuen Gruppe ein, und Sie haben einen zusätzlichen Bereich für sich eingerichtet.

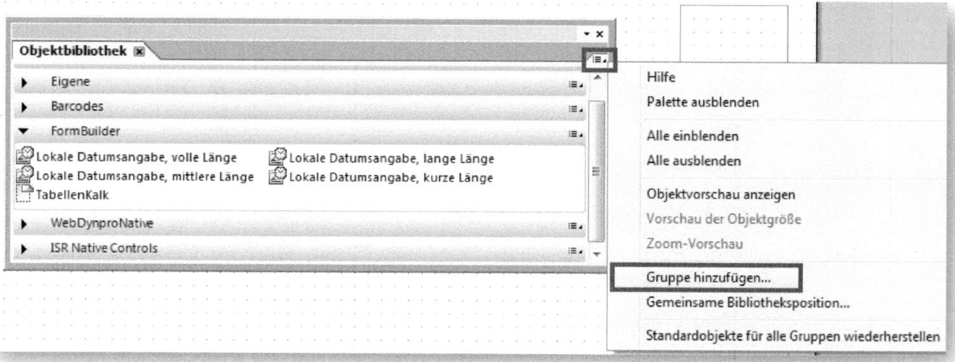

Abbildung 4.13: Eigene Gruppe

Objekte in der Bibliothek

Die Objekte aus der Standardgruppe der Bibliothek sind immer im selben Format verfügbar. So erscheint ein Textfeld immer in einer fest vorgegebenen Größe, mit linksseitiger Bezeichnung und ohne Rand, wenn Sie es per Drag & Drop in das Formular schieben. Wollen Sie mehrere Textfelder im Formular anlegen, die kleiner sein, die Bezeichnung rechts und einen Rand haben sollen, empfiehlt es sich, dieses Objekt einmalig zu erstellen und dann in der Bibliothek in der Gruppe »Eigene« abzulegen. So liegt Ihnen das Objekt immer in der gewünschten Formatierung vor, und Sie müssen nicht jedes Mal, wenn Sie ein Textfeld benötigen, aufwendig die gewünschten Änderungen vornehmen.

Ein Objekt aus der Bibliothek kann einfach per Drag & Drop in das Formular geschoben werden, wie in Abbildung 4.14.

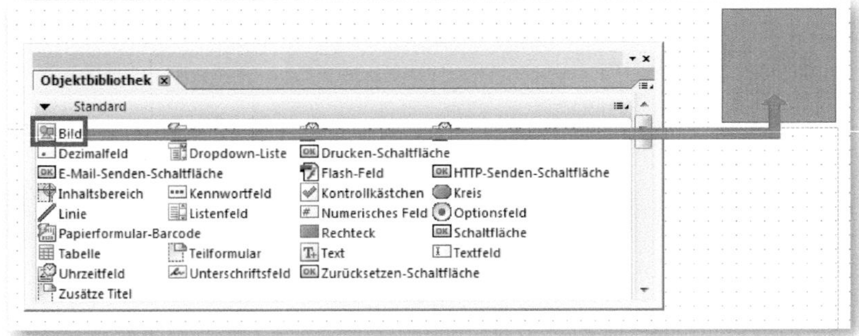

Abbildung 4.14: Objekt mit Drag & Drop einfügen

Sie markieren das gewünschte Objekt mit der linken Maustaste und schieben es an die gewünschte Stelle im Formular. Korrekturen an der Position und Größe des Objektes nehmen Sie dann in der Palette »Objekt« (siehe Abbildung 4.19) vor.

4.2.1 Objektbibliotheken austauschen

Sie können Bibliotheken auch untereinander austauschen. Das ist sehr praktisch, wenn sich mehrere Kollegen mit der Erstellung von Formularen für ihr Unternehmen beschäftigen. So können Sie erarbeitete Objekte gemeinsam benutzen und leichter eine CI-Vorgabe (Corporate Identity) einhalten. Die Bibliothekgruppen sind auf Ihrem Rechner lokal abgespeichert. Sie zu finden ist nicht einfach. Der Weg führt über die Festplatte und ist bei jedem Computer etwas anders. Der Weg bei meinem Rechner ist: Benutzer • Ihr Username • AppData • Roaming • Adobe • Designer • DE • Objects (siehe Abbildung 4.15).

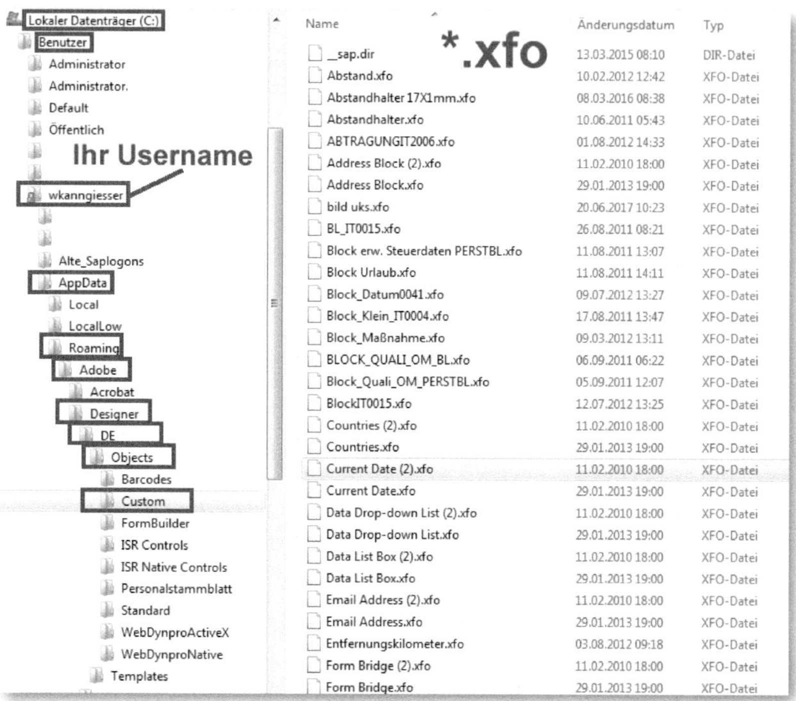

Abbildung 4.15: Ablageort für Bibliothekgruppen

Suche nach Bibliothek-Objekten

Wenn Sie über den beschriebenen Pfad Ihre Bibliothekgruppen nicht gefunden haben, können Sie auch in der Suche des Windows-Explorers nach der Datei-Endung *.XFO suchen. Darüber kommen Sie in die Ansicht der Objekte und können so die Objektordner lokalisieren. Wenn Sie Ihre Gruppe »Custom« teilen wollen, können Sie sie einfach als E-Mail-Anhang versenden. Der empfangende Kollege sollte von Ihnen dann auch erfahren, wo er diesen Ordner einfügen muss, sonst klappt das Teilen nicht.

4.3 Objekte im Adobe LiveCycle Designer

Es gibt eine Vielzahl von Objekten in diesem Editor, die Sie in Ihrem Formular erstellen und bearbeiten können. Der Editor arbeitet hier mit sogenannten *Paletten*, die es ermöglichen, Objekte zu bearbeiten.

Ich empfehle jedem, sich mit der Hierarchie des Adobe LiveCycle Designers (siehe Abbildung 4.16) vertraut zu machen und die Objekte eines eigenen Formulars für die Bearbeitung nicht im Formular-, sondern im Hierarchiefenster zu markieren. Das Objekt zeigt im Formularfenster lediglich an, dass es markiert ist, während in den einzelnen Paletten automatisch die bisher eingestellten Eigenschaften und Datenbindungen des Objektes erscheinen.

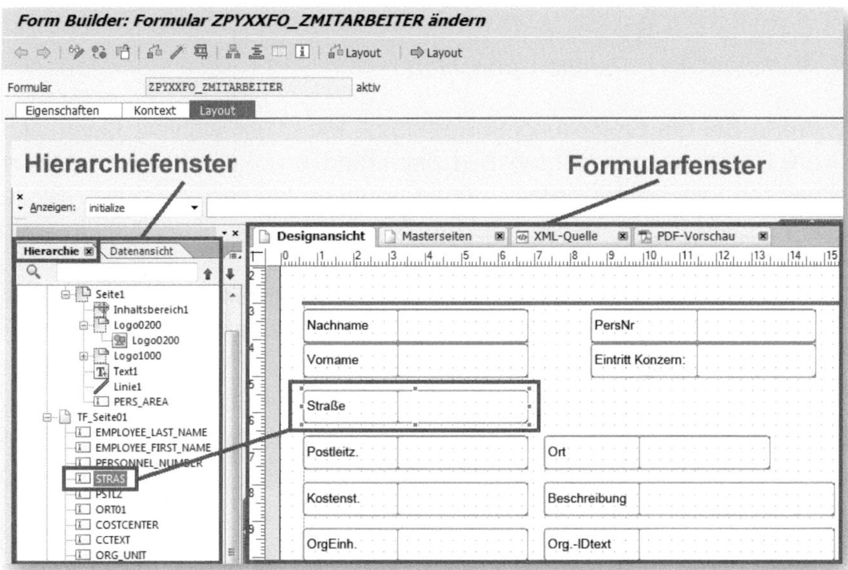

Abbildung 4.16: Hierarchieansicht und Formularbereich

Die Paletten sind ein wichtiger Bestandteil des Editors, um überhaupt Informationen über das markierte Objekt zu erhalten und diese zu verändern. Sie können diese Paletten am besten nutzen, indem Sie sie als sogenannte *schwebende Paletten* verwenden (Abbildung

4.17). Schwebend bedeutet hier, dass Sie die Paletten innerhalb des Editors hin- und herschieben können.

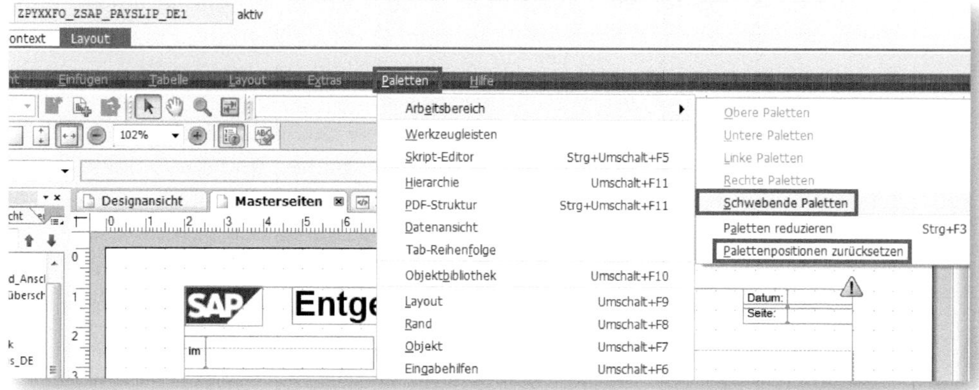

Abbildung 4.17: Paletten einrichten

Wenn Sie die Einstellung SCHWEBENDE PALETTEN wählen, lösen sich die Paletten vom rechten Bildschirmrand und können dort platziert werden, wo Sie sie gerade gut gebrauchen können. An dieser Stelle sei bemerkt, dass es sich bei der Bearbeitung mit einem mindestens 22-Zoll-Bildschirm wesentlich einfacher gestaltet als auf einem 12-Zoll-Laptop. Sollten Sie einmal Paletten »verloren« haben – ja, das kann vorkommen –, dann klicken Sie einfach auf PALETTENPOSITIONEN ZURÜCKSETZEN, und schon finden sich alle Paletten am rechten Rand wieder (siehe Abbildung 4.18).

Zurückgesetzte Paletten

Wenn Sie die Paletten zurückgesetzt haben, erscheinen alle Paletten wieder auf der rechten Seite des Arbeitsbildschirms. Sie können sie nun an der oberen Palettenleiste anklicken, mit der linken Maustaste festhalten und von dieser Stelle gesammelt ablösen, oder Sie klicken auf das kleine »x« am rechten oberen Rand der Paletten, und schon sind sie nicht mehr sichtbar.

Abbildung 4.18: Zurückgesetzte Paletten

Die wichtigsten Paletten sind *Layout* und *Objekt*. Diese beinhalten die am häufigsten verwendeten Eigenschaften eines Objektes. Wenn Sie erst an das Arbeiten mit den Paletten gewöhnt sind, werden Sie mit der Zeit viele Änderungen hierüber durchführen. Aber schauen wir uns erst einmal die einzelnen Paletten an.

Palette »Objekt«

In der Übersicht der Palette OBJEKT (siehe Abbildung 4.19) erkennen Sie, um welchen Objekttyp es sich handelt.

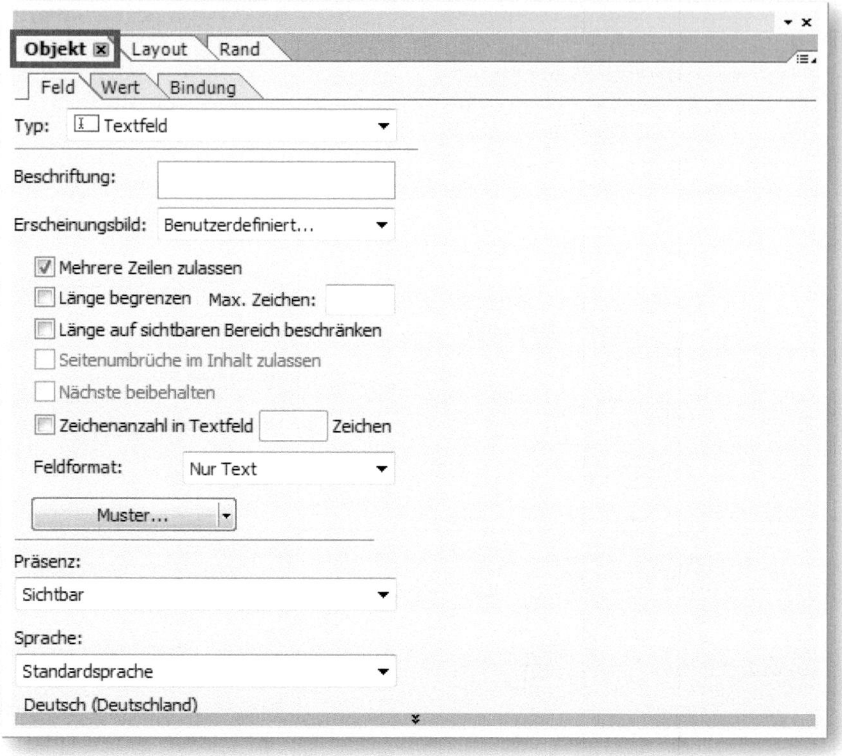

Abbildung 4.19: Palette »Objekt«

Darunter können Sie das Objekt beschriften und das voreingestellte ERSCHEINUNGSBILD ändern. Im Beispiel dieses Textfeldes legen Sie z. B. fest, ob mehrere Zeilen zulässig sind und ob eine maximale Zahl von z. B. acht Zeichen, wie bei der Personalnummer, eingetragen werden darf. Das Objekt hier ist **Sichtbar**. Sie können es auch unsichtbar machen, verstecken oder auch nur in der Bildschirmansicht erscheinen lassen. Wenn Sie auf MUSTER klicken, erscheint eine Auswahl von Formatierungsmöglichkeiten, die die Darstellung des Wertes beeinflusst. Ein Datumsformat in einem Datumsfeld etwa kann so eingestellt werden, dass der gelieferte Wert »01.01.2017«, erzeugt mit dem Muster DD.MM.YYYY, durch das Muster MM.YYYY umgewandelt und als »Januar 2017« ausgegeben wird.

Unterschied zwischen »Unsichtbar« und »Verstecken«

Das ist ein gewaltiger Unterschied im Formularlayout! Wenn ich ein Objekt nach der Bezeichnung im Designer **Unsichtbar** mache, dann ist es zwar nicht zu sehen, nimmt aber den Platz, an dem es platziert ist, komplett ein. »Verstecke« ich es – hier wird im Feld PRÄSENZ, siehe Abbildung 4.19, **Ausgeblendet** angegeben –, verschwindet das Objekt vollständig und gibt seinen Platz frei.

Beispiel: In einer Tabelle würde eine »unsichtbare« Zeile als Zwischenraum sichtbar sein. Bei einer »ausgeblendeten« Zeile rutschen die unterhalb liegenden Zeilen um genau den ausgeblendeten Teil nach oben.

Auch in den Paletten finden wir wieder unsere beliebten Reiter – in diesem Fall FELD, WERT und BINDUNG. Einer der wichtigsten Reiter für die Gestaltung des Formulars ist die BINDUNG (siehe Abbildung 4.20).

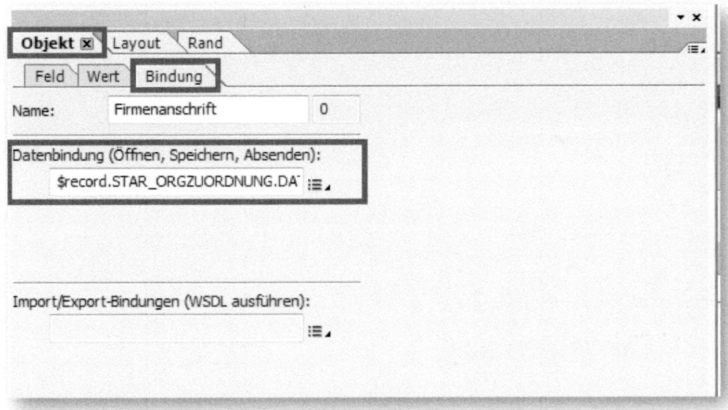

Abbildung 4.20: Reiter »Bindung«

Hier verbinden wir das Datenfeld aus dem Kontext mit unserem Formularfeld. Wenn wir alles richtig gemacht haben, erscheint bei der Erzeugung des Formulars mit dem Druckprogramm der erwartete Wert. Die Datenbindung kann über verschiedene Wege eingerichtet werden. Dies wird in den Abschnitten 5.5 und 5.6 genauer beschrieben.

Palette »Layout«

Die Palette LAYOUT, gezeigt in Abbildung 4.21, gibt uns Auskunft über die Position unseres Objektes.

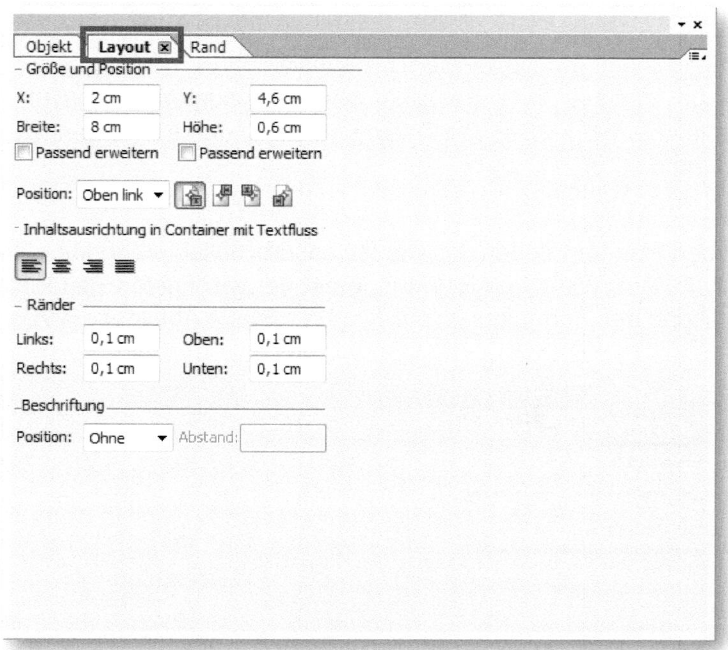

Abbildung 4.21: Palette »Layout«

Unser Objekt ist **2 cm** vom linken Rand und **4,6 cm** vom oberen Rand positioniert. Es ist **8 cm** breit und **0,6 cm** hoch. Änderungen, die Sie hier vornehmen, werden sofort im Formular sichtbar. Wenn Sie die Optionen PASSEND ERWEITERN für Höhe oder Breite wählen, wird sich das Objekt nach den angelieferten Werten richten. Hier ist jedoch Vorsicht geboten, denn schnell werden andere, fest positionierte Felder überlagert und unschöne Ergebnisse erzielt.

Des Weiteren erhalten Sie Informationen über die inneren Randabstände. Im Bild sehen Sie, dass jeweils **0,1 cm** innerer Rand vorgegeben sind. Das ist dann sinnvoll, wenn Sie ein Feld mit einem sichtbaren Rand ausgeben wollen. Die Schrift erscheint auf diese Weise nicht direkt am Rand, sondern 0,1 cm davon entfernt. Mit dieser Funktion lassen sich zudem Platzhalter einsparen, indem Sie ein Textfeld mit einer Höhe von 1,2 cm erstellen und den Abstand zum oberen Rand auf 0,6 cm einstellen. Die Schrift erscheint dann wesentlich tiefer und lässt zum Vorgänger-Objekt einen merklichen Abstand. Wenn das Feld eine sichtbare Beschriftung hat, können Sie über POSITION den Abstand zwischen Beschriftung und Wert einstellen.

Palette »Rand«

Hier erhalten Sie Gelegenheit, Ihr Objekt »aufzuhübschen«, indem Sie Ränder, gern auch in verschiedenen Farben und Stärken, einrichten (siehe Abbildung 4.22).

Abbildung 4.22: Palette »Rand«

Sie können aus eckigen runde Ecken machen und, wenn gewünscht, das Objekt mit einer Farbe füllen. Hier kann sich der Layout-Profi so richtig austoben. Aber wir wissen auch: Weniger ist mehr.

Palette »Schrift«

Über die Palette SCHRIFT können Sie die Schriftart und -größe einrichten. Zu dieser Palette kommen Sie über den Reiter PALETTE im Formular-Editor (siehe Abbildung 4.23).

Abbildung 4.23: Aufruf Palette »Schrift«

In dieser Palette sehen Sie wieder zwei Reiter: einmal Einstellungsmöglichkeiten für die Schrift (Abbildung 4.24) und einmal für Absatzformatierungen (Abbildung 4.25).

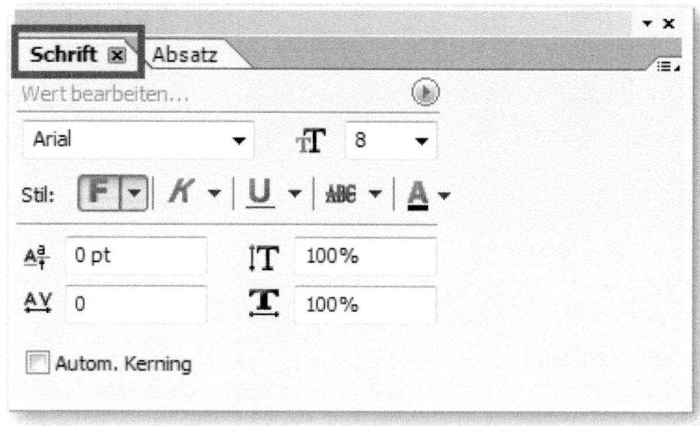

Abbildung 4.24: Palette »Schrift«

Die verschiedenen Stile kennen Sie aus dem Textprogramm, das Sie verwenden. Hier in der Grundeinstellung verändern sich Wert und Beschriftung gleichzeitig. Wenn Sie die Beschriftung eines Feldes in FETT und den Wert in NORMAL haben wollen, können Sie diese Einstellung an dem kleinen Auswahlknopf in der ersten Zeile des Reiters verändern und die Teilfelder des Objektes, sofern vorhanden, separat bearbeiten.

Palette »Absatz«

Auch die Einstellungen dieser Palette (siehe Abbildung 4.25) reagieren so, wie Sie es von Ihrem Textprogramm kennen.

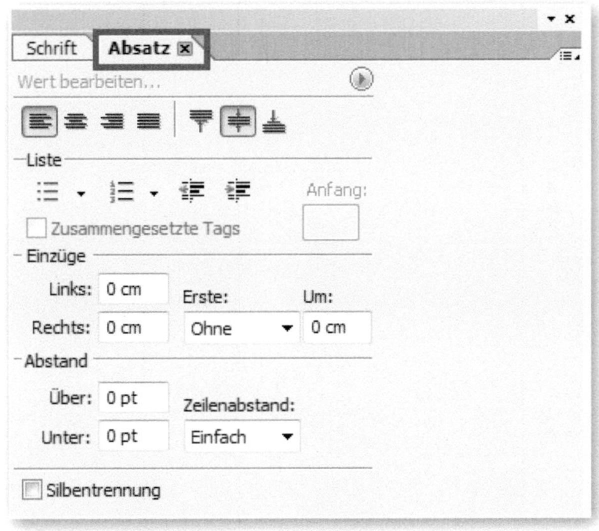

Abbildung 4.25: Palette »Absatz«

Am Anfang gilt, es einfach mal auszuprobieren und zu sehen, wie sich das Objekt verhält.

Sie haben nun sehr viel Theorie, Hinweise, Tipps und Abbildungen über die Funktionen im Umfeld von HR FORMS gesehen. Es wird Zeit, dies alles endlich in die Praxis umzusetzen.

5 Projekt »Mitarbeiterprofil«

In den nachfolgenden Abschnitten werden Sie Schritt für Schritt durch den Prozess einer Formularerstellung geführt. Ich lade Sie ein, dieses Formular beim Lesen parallel selbst zu bauen, um ein wenig Praxis im Umgang mit den bereits vorgestellten Funktionen zu erhalten.

Jetzt ist es endlich soweit! Wir starten das Projekt **Mitarbeiterprofil**. Dessen Ziel ist es, ein Datenblatt für einen Mitarbeiter zu erstellen – natürlich in der Umgebung HR FORMS unter Anwendung der Infomationen, die zuvor beschrieben wurden. Bisher haben wir an Beispielen von SAP-Standardformularen Funktionen, Besonderheiten und Vorgehensweisen angesehen. In diesem kleinen Projekt werden wir gemeinsam ein Formular erstellen, das auf Stammdaten zugreift. Dabei wird jeder Schritt genau beschrieben und mit den entsprechenden Screenshots unterstützt. Es kommen noch ein paar Informationen in diesem praktischen Teil dazu, die die Beschreibungen aus Kapitel 4 ergänzen.

Das Formular soll folgende Informationen anzeigen:

- einen Titel,
- ein Logo,
- Name, Vorname und Personalnummer,
- Adresse mit Straße, Postleitzahl und Ort,
- organisatorische Zuordnung,
- Kostenstelle,
- Bankdaten,
- Mitarbeitergruppe und-kreis,
- zuständige Sachbearbeiter sowie
- eine Tabelle mit Datumsangaben zur Person.

Das sind ganz schön viele Informationen, die auf dem Formular angezeigt werden sollen, aber das bekommen wir gemeinsam hin.

Die Vorgehensweise bei der Erstellung eines neuen kundenspezifischen Formulars ist immer gleich:

1. Formular anlegen.
2. Formular benennen und einer Formularklasse zuordnen.
3. Entscheidung, ob es als lokales Objekt angelegt werden soll.
4. InfoNet mit InfoStars erweitern.
5. Erweiterungen sichern.
6. Layout/Formularkontext bearbeiten.
7. Nicht verwendete Informationen inaktiv setzen.
8. Einstellungen sichern.
9. Formulareditor aufrufen.
10. Formular bearbeiten.

Sehen wir uns nun die Schritte im Einzelnen an.

5.1 Formular anlegen

Ein neues Formular anzulegen, ist einfach. Sie entscheiden am Anfang dieses Bearbeitungsschrittes, wie das Formular benannt werden soll und ob Sie es als lokales oder als transportierbares Objekt anlegen wollen. Zum Ausprobieren reicht es, das Formular als lokales Objekt anzulegen. Sollten Sie es später doch in Ihrer Produktivumgebung nutzen wollen, können Sie das Formular, die Schnittstelle und das Druckprogramm auch nachträglich in einen Transportauftrag übernehmen und in das Produktivsystem übertragen.

Systemumgebung

Die Standardumgebung in einer SAP-HCM-Lösung besteht in der Regel aus einem Entwicklungs-, einem Test- und einem Produktivsystem. Entwicklungen und Customizing werden in der Entwicklungsumgebung vorgenommen und zum Test in die Testumgebung mittels sogenannter *Transportaufträge* übertragen. Sind die Tests erfolgreich, wird der Transportauftrag in das Produktivsystem transportiert/überstellt.

In der Oberfläche von HR FORMS finden Sie das Icon zum Anlegen des Formulars (siehe Abbildung 5.1).

Abbildung 5.1: Formular anlegen

Nach dem Klick auf das Icon kommt die Abfrage (Abbildung 5.2), wie das Formular heißen und zu welchem Land es zugeordnet sein soll sowie welche Formularklasse vorgesehen ist.

Formular anlegen

Formularname	ZMITARBEITER
Ländergruppierung	01
Formularklasse	NONE

Abbildung 5.2: Formulareigenschaften

Wir benennen das Formular **ZMitarbeiter**, weisen es der LÄNDERGRUPPIERUNG für Deutschland **01** zu und wählen die FORMULARKLASSE **NONE**. In dieser Formularklasse greifen Sie auf Personalstammdaten zu, was für unser Projektformular ausreichend ist. Sie wollen ja kein Formular mit Zeit- oder Abrechnungsinformationen erstellen. Um diese Einstellung vorzunehmen, gehen Sie einfach im Formulareditor auf den obersten Eintrag, hier ZMITARBEITER, und klicken den Reiter HR-FORMULAR an. Im Feld FORMULARKLASSE drücken Sie die Wertehilfe [F4] und wählen die gewünschte Formularklasse aus (Abbildung 5.3).

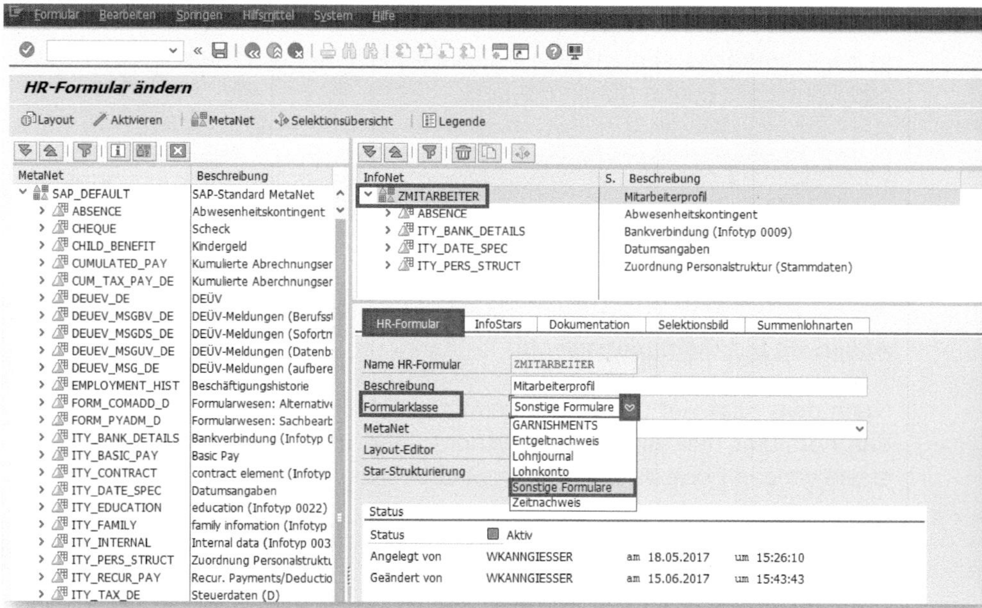

Abbildung 5.3: Formularklassen einrichten

Nun sichern Sie das neue Formular und erhalten die Abfrage, ob Sie es einem Transportauftrag zuweisen wollen oder ob es sich um ein lokales Objekt handeln soll (siehe Abbildung 5.4). Soll es transportierbar sein, wählen Sie ein Objektpaket aus (für Kundenentwicklungen gibt es in SAP HCM das Standard-Entwicklungspaket **Z001**), oder Sie wählen den Button OBJEKT ANLEGEN. Dann wird alles, was entwickelt wird, erst einmal auf dem Entwicklungssystem gespeichert.

Formularklasse NONE

Bedenken Sie, dass bei der Formularklasse NONE keine InfoStars aktiv sind, die in irgendeiner Form etwas mit Abrechnungsergebnissen (PAY) zu tun haben. Die Stars werden Ihnen hierzu keine Daten liefern.

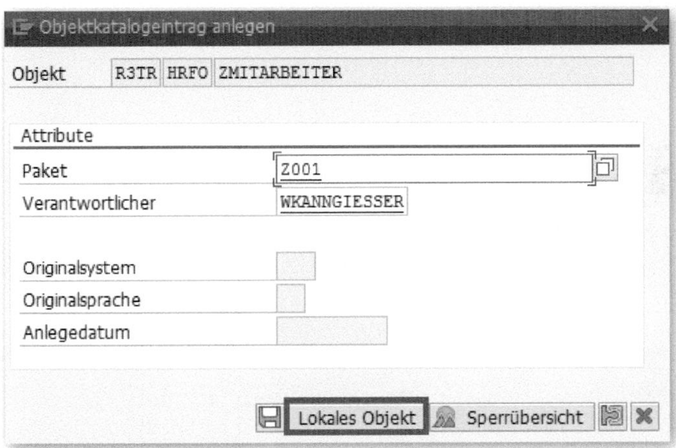

Abbildung 5.4: Objekt anlegen

Die erste Hürde ist genommen: Ihr neues Formular kann bearbeitet werden. Gehen Sie danach wieder in die Formularübersicht und markieren Sie das Formular (Abbildung 5.5).

Nach Doppelkick auf das Formular in der Übersicht kommen Sie in die Umgebung, in der das Datenwarenhaus (MetaNet) und der Wareneinkaufskorb (InfoNet) angezeigt werden (siehe Abbildung 5.6). Das InfoNet ist leer. Sie müssen nun die erforderlichen MetaStars auswählen und in das InfoNet Ihres Formulars übertragen. Die Vorgehensweise hierfür wurde Ihnen in Abschnitt 3.4.1 beschrieben. Auch sind alle Objekte des Formulars inaktiv, da kommt noch Arbeit auf Sie zu.

HR-Formular-Workplace

HR-Formulare: Übersicht

St..	LdGrp	Name HR-Formular	letzter Änderer	ÄndDatum	Änderungszeit	Status..	Status..	Status..	Formularklasse	Layout-Editor
	01	ZEB_TEMP_O	WKANNGIESS...	18.06.2015	10:09:07	3	3	3	PAYSLIP	Form Builder
		ZSCRIPT	ENTWICKLUNG	25.11.2009	08:53:39	3	2	3	PAYSLIP	SAP Smart Forms
		ZSCRIPT	ENTWICKLUNG	04.03.2008	09:43:56	3	3	3	PAYSLIP	SAP Smart Forms
		ZKWP_ERS	ENTWICKLUNG	04.08.2009	10:45:40	3	3	3	NONE	Form Builder
		ZKWP_PAYSLIP	ENTWICKLUNG	08.03.2011	17:26:38	3	3	3	PAYSLIP	Form Builder
		ZKWP_PERST	ENTWICKLUNG	06.09.2013	08:44:48	3	3	3	NONE	Form Builder
		ZKWP_PERSTBL	WKANNGIESS...	24.02.2009	08:22:52	3	3	1	NONE	Form Builder
		ZKWP_PERSTBL2	ENTWICKLUNG	28.09.2010	11:04:37	3	3	1	NONE	Form Builder
		ZKWP_S	ENTWICKLUNG	16.03.2009	14:04:22	3	3	3	NONE	Form Builder
		ZKWP_TIMESLIP	ENTWICKLUNG	13.08.2012	16:09:36	3	1	3	TIME	SAP Smart Forms
		ZKWP_TIMESLIP_DE	ENTWICKLUNG	13.08.2012	11:58:52	3	3	3	TIME	SAP Smart Forms
		ZMITARBEITER	WKANNGIESS...	15.06.2017	15:43:43	3	3	3	NONE	Form Builder
		ZNA_PAYSLIP_DE_P	ENTWICKLUNG	29.05.2009	08:44:42	3	3	3	PAYSLIP	Form Builder
		ZNA_PAYSLIP_INT	ENTWICKLUNG	05.06.2009	08:15:15	3	3	3	PAYSLIP	Form Builder
		ZNA_PAYSLIP_KOP	ENTWICKLUNG	28.09.2010	12:04:13	3	3	3	PAYSLIP	Form Builder
		ZSAP_TIME	ENTWICKLUNG	13.11.2013	11:19:21	3	3	3	TIME	Form Builder
		ZSCRIPT	ENTWICKLUNG	07.05.2009	08:36:27	3	3	3	NONE	Form Builder
		ZSDME_WKA	WKANNGIESS...	08.08.2016	08:48:14	3	3	3	NONE	Form Builder
		ZSW_PAYSLIP_DE	ENTWICKLUNG	23.01.2014	10:04:17	3	3	3	PAYSLIP	SAP Smart Forms
		ZSW_PAYSLIP_DE_P	ENTWICKLUNG	06.01.2014	16:28:50	3	3	3	PAYSLIP	Form Builder

Abbildung 5.5: Formularübersicht

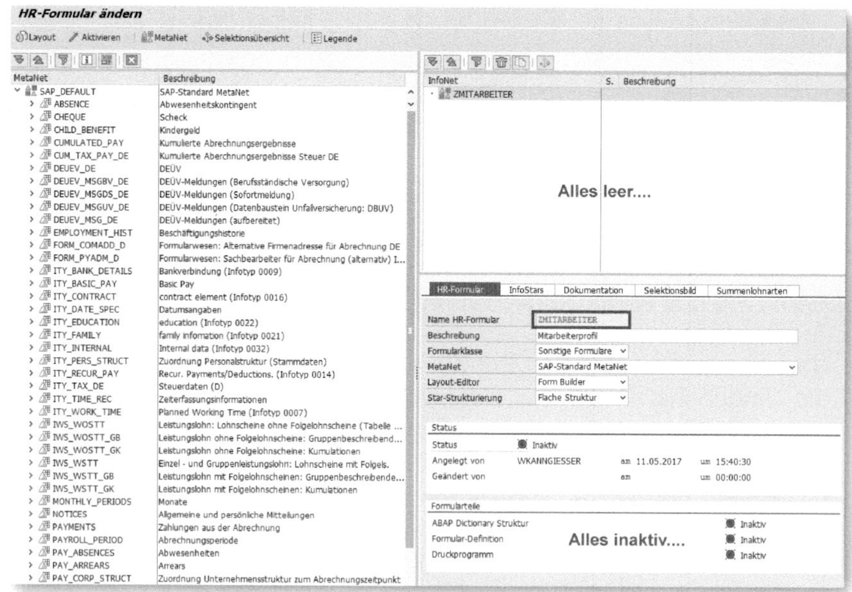

Abbildung 5.6: InfoNet – Formular »Mitarbeiterprofil«

Nun müssen Sie Ihr InfoNet füllen und die MetaStars mit den benötigten Datenfeldern aus dem MetaNet in Ihr InfoNet übertragen. Das wurde im Abschnitt 3.4.1 bereits beschrieben. Für das Formular brauchen Sie Personaldaten über den Mitarbeiter, seine Kostenstelle und die organisatorische Zuordnung. Im Star ITY_PERS_STRUCT finden Sie die Dimensionen, die Sie hierzu benötigen. Sie markieren den Star im MetaNet, mit der rechten Maustaste öffnen Sie das Kontextmenü und wählen die Funktion KNOTEN SELEKTIEREN aus (siehe Abbildung 5.7).

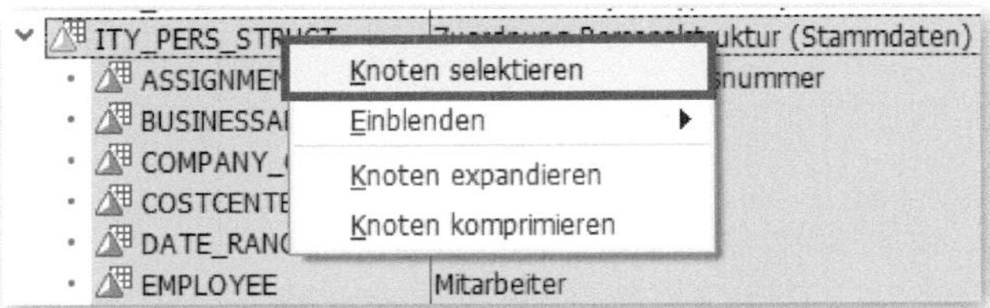

Abbildung 5.7: MetaStar-Knoten selektieren

Jetzt können Sie den MetaStar in Ihr InfoNet übertragen, indem Sie den markierten Knoten mit der Maustaste »festhalten« und in den Bereich des InfoNet ziehen. Gehen Sie zur Wurzel des Formulars, also dem obersten Eintrag im InfoNet mit der Bezeichnung des Formulars, und lassen Sie den Knoten »fallen« (Maustaste loslassen). Danach ist der Star in Ihrem InfoNet mit allen Dimensionen und Datenfeldern sichtbar und kann verwendet werden (siehe Abbildung 5.8). Als Beispiel habe ich hier aus dem Star ITY_PERS_STRUCT im InfoNet die Dimensionen markiert, die später für das Formular benötigt werden.

Das sieht doch schon mal sehr gut aus. Es fehlen nun noch einige Daten, die Sie in Ihrer Projektvorbereitung festgelegt hatten:

- einen Titel,
- ein Logo,
- Bankdaten und
- eine Tabelle mit Datumsangaben zur Person.

Titel und Logo legen Sie später direkt im Formular fest. Die Bankdaten finden Sie, wie Abbildung 5.9 zeigt, im Star ITY_BANK_DETAILS. Der Hinweis auf die **Bankverbindung (Infotyp 0009)** zeigt, dass dieser Star auf Stammdaten und nicht auf Abrechnungsdaten zugreift.

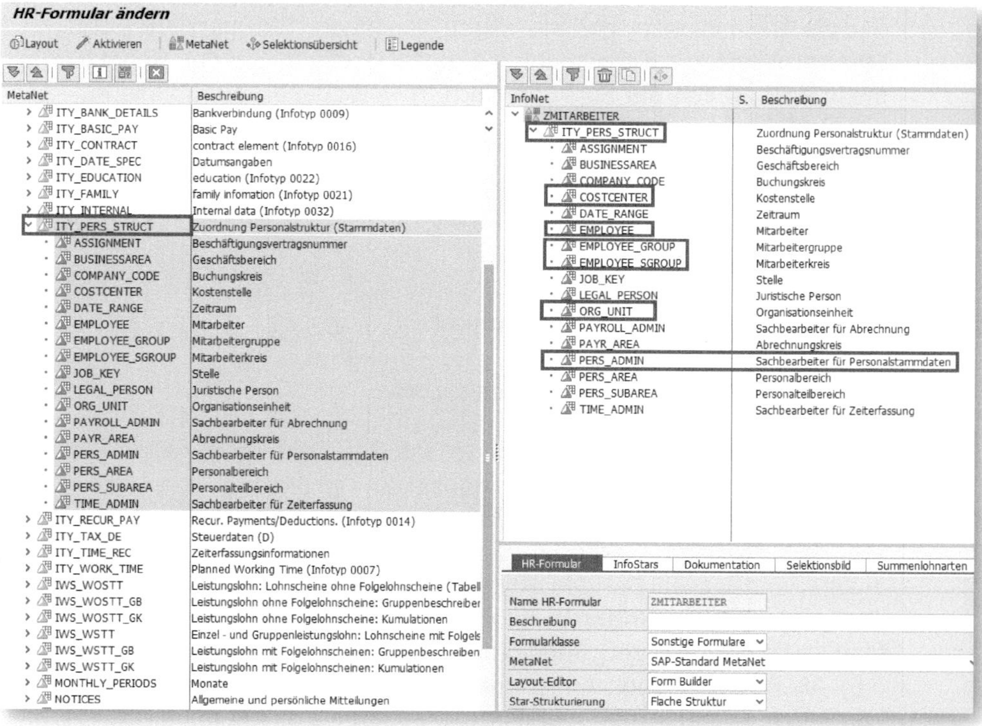

Abbildung 5.8: InfoNet – Formular »Mitarbeiterprofil«

ITY_BANK_DETAILS	Bankverbindung (Infotyp 0009)
ASSIGNMENT	Beschäftigungsvertragsnummer
BANK	Bank
BANK_ACCOUNT	Bankverbindung
BANK_DETAIL_TY	Bankverbindungsart
DATE_RANGE	Zeitraum
EMPLOYEE	Mitarbeiter
IBAN	iban
IBAN_IT0009	IBAN - gespeichert in IT0009
PAYMENT_METHOD	Zahlweg

Abbildung 5.9: Bankdaten

Ihre Liste der benötigten Datenfelder wird nun immer kleiner. Nun nur noch die

- Datumsangaben zur Person

einbauen, und die letzten Informationen sind verfügbar. Für diese Angaben übernehmen Sie den Star ITY_DATE_SPEC in Ihr InfoNet (siehe Abbildung 5.10).

InfoNet	S.	Beschreibung
ZMITARBEITER		Mitarbeiterprofil
ABSENCE		Abwesenheitskontingent
ITY_BANK_DETAILS		Bankverbindung (Infotyp 0009)
ITY_DATE_SPEC		Datumsangaben
ASSIGNMENT		Beschäftigungsvertragsnummer
DATE_RANGE		Zeitraum
DATE_TYPE		Datumsart
DATE_VALUE		Datum oder Stichtag
EMPLOYEE		Mitarbeiter

InfoDimension | InfoFields | Selektionen

Abbildung 5.10: InfoStar »Datumsangaben«

Diese Informationen sollen Ihnen als Tabelle in Ihrem Formular angezeigt werden. Da Sie alle möglichen Datumsangaben auflisten wollen, brauchen Sie in der **Datumsart** keine Selektion einzubauen. Alle Datumsangaben, die als Datensatz vorhanden sind, stehen als Information direkt zur Verfügung.

Ihr Formular sollte nun in der Übersicht des InfoNet wie in Abbildung 5.11 aussehen.

InfoNet	S.	Beschreibung
ZMITARBEITER		
ITY_PERS_STRUCT		Zuordnung Personalstruktur (Stammdaten)
ITY_BANK_DETAILS		Bankverbindung (Infotyp 0009)
ITY_DATE_SPEC		Datumsangaben

Abbildung 5.11: InfoNet – Formular »Mitarbeiterprofil«

Nun wird das Formular »bearbeitungsfähig« gemacht. Sie müssen dazu die Formularobjekte aktivieren. Bei der Neuanlage werden die folgenden Schritte durchgeführt:

1. Im InfoNet auf die Taste Layout klicken.
2. In der Übersicht »Form Builder« (vgl. Abbildung 3.2) auf den Reiter EIGENSCHAFTEN klicken (siehe Abbildung 5.12), den LAYOUTTYP wählen und die BESCHREIBUNG, hier **Mitarbeiterprofil**, ergänzen.

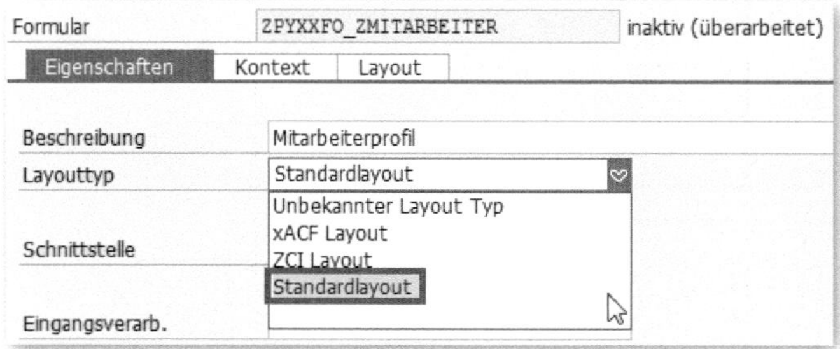

Abbildung 5.12: Formulareigenschaften

3. Auf den Karteireiter LAYOUT klicken.
4. Im Formulareditor das Formular sichern.

Im Editor unten links sollte daraufhin diese Meldung erscheinen: Formular ZPYXXFO_ZMITARBEITER wurde gesichert

Danach gehen Sie über den Karteireiter KONTEXT in die Übersicht und klicken zum Aktivieren auf das bekannte Streichholz.

Wenn Sie das Formular als transportierbares Objekt angelegt haben, wird Ihnen nun eine Liste Ihrer inaktiven Objekte angezeigt, wobei das Formular in dieser Liste bereits als »zu aktivieren« markiert ist. Bestätigen Sie den markierten Eintrag mit , und nach kurzer Zeit kommt unten links die Bestätigung Objekt(e) wurde(n) aktiviert .

Anschließend gehen Sie zurück in die Übersicht HR FORMS. Dort markieren Sie das Formular und aktivieren es erneut.

Daraufhin erhalten Sie ein Protokoll mit den Hinweisen über die erfolgreich aktivierten Objekte des Formulars (siehe Abbildung 5.13).

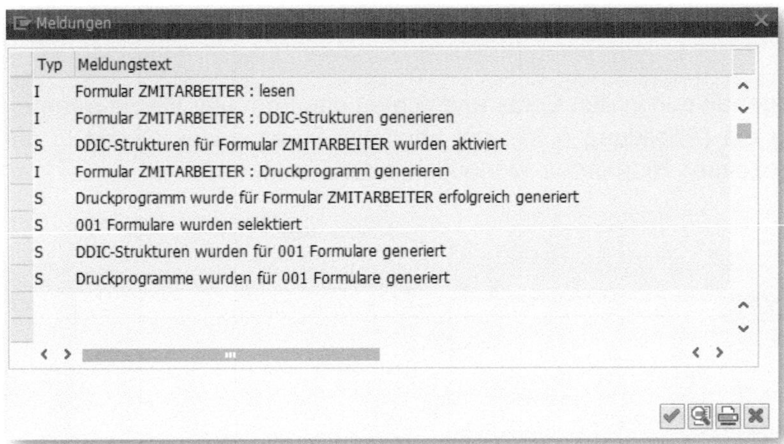

Meldungen

Typ	Meldungstext
I	Formular ZMITARBEITER : lesen
I	Formular ZMITARBEITER : DDIC-Strukturen generieren
S	DDIC-Strukturen für Formular ZMITARBEITER wurden aktiviert
I	Formular ZMITARBEITER : Druckprogramm generieren
S	Druckprogramm wurde für Formular ZMITARBEITER erfolgreich generiert
S	001 Formulare wurden selektiert
S	DDIC-Strukturen wurden für 001 Formulare generiert
S	Druckprogramme wurden für 001 Formulare generiert

Abbildung 5.13: Aktivierungsprotokoll

Wenn Sie nun Ihr Formular in HR FORMS aufrufen, werden Sie sehen, dass alle gewünschten Objekte im Status »Aktiv« zur Verfügung stehen (Abbildung 5.14).

HR-Formular | InfoStars | Dokumentation | Selektionsbild | Summenlohnarten

Name HR-Formular	ZMITARBEITER
Beschreibung	Mitarbeiterprofil
Formularklasse	Sonstige Formulare
MetaNet	SAP-Standard MetaNet
Layout-Editor	Form Builder
Star-Strukturierung	Flache Struktur

Status

Status	Aktiv		
Angelegt von	WKANNGIESSER	am	um 15:40:30
Geändert von	WKANNGIESSER	am	um 11:42:31

Formularteile

ABAP Dictionary Struktur	/1PYXXFO/ZMITARBEITER	Aktiv
Formular-Definition	ZPYXXFO_ZMITARBEITER	Aktiv
Druckprogramm	/1PYXXFO/ZMITARBEITER_PRNT	Aktiv

Abbildung 5.14: Formularstatus

5.2 Formular einrichten

Sie gehen nun in den Editor und richten das Formular für die Bearbeitung ein (Abbildung 5.15). Ich empfehle Ihnen, jedes Objekt in der angezeigten HIERARCHIE eindeutig zu benennen.

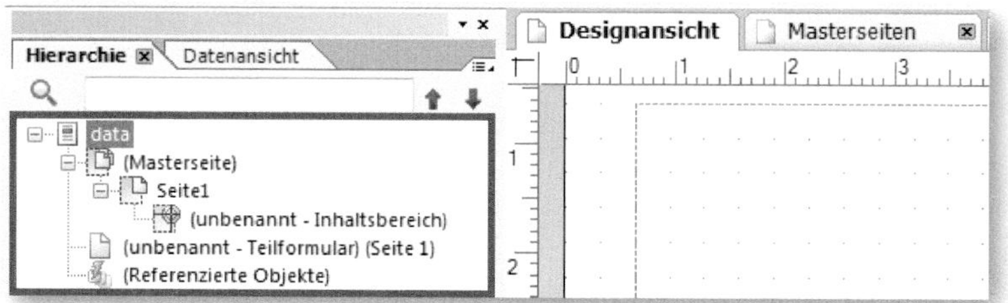

Abbildung 5.15: Formular-Ansicht unbearbeitet

Sie können die Bezeichnung einfach ändern, indem Sie, wie Sie es von Ihrem Windows-Explorer kennen, mit der Maus die Bezeichnung markieren. Halten Sie die Maustaste so lange gedrückt, bis das Bezeichnungsfenster in den Bearbeitungsmodus umgeschaltet ist. Beachten Sie dabei folgende Grundregeln:

- Benennen Sie Ihre Objekte einfach, aber aussagekräftig.
- Setzen Sie keine Leerzeichen.
- Verbinden Sie einzelne Wörter mit Unterstrich.

Das schafft eine bessere Übersicht und ist auch für den Fall, dass einmal ein Kollege in diesem Formular etwas prüfen oder bearbeiten soll, sinnvoll, da es sein Verständnis für Ihre Systematik erleichtert. Sie sehen nun in Abbildung 5.16, dass der Inhaltsbereich eindeutig gekennzeichnet ist.

Der INHALTSBEREICH (siehe Abbildung 5.17) ist der Bereich, in dem Sie die erforderlichen Felder einrichten werden. Er würde sich automatisch auf die nächste Seite erweitern, wenn es zu einem Datenüberlauf kommt und der Editor auf eine zweite Seite umbricht.

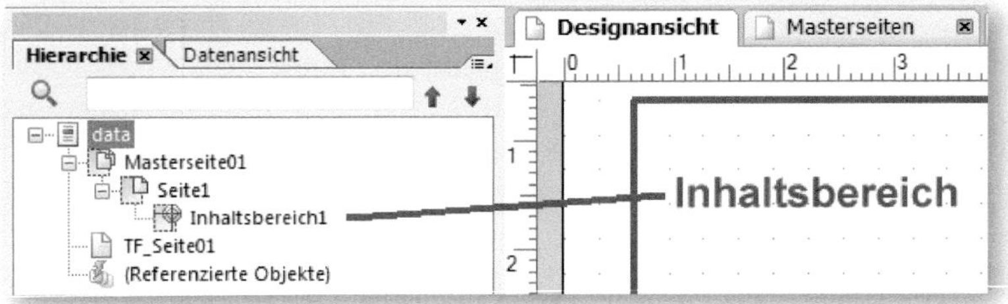

Abbildung 5.16: Formular-Ansicht bearbeitet

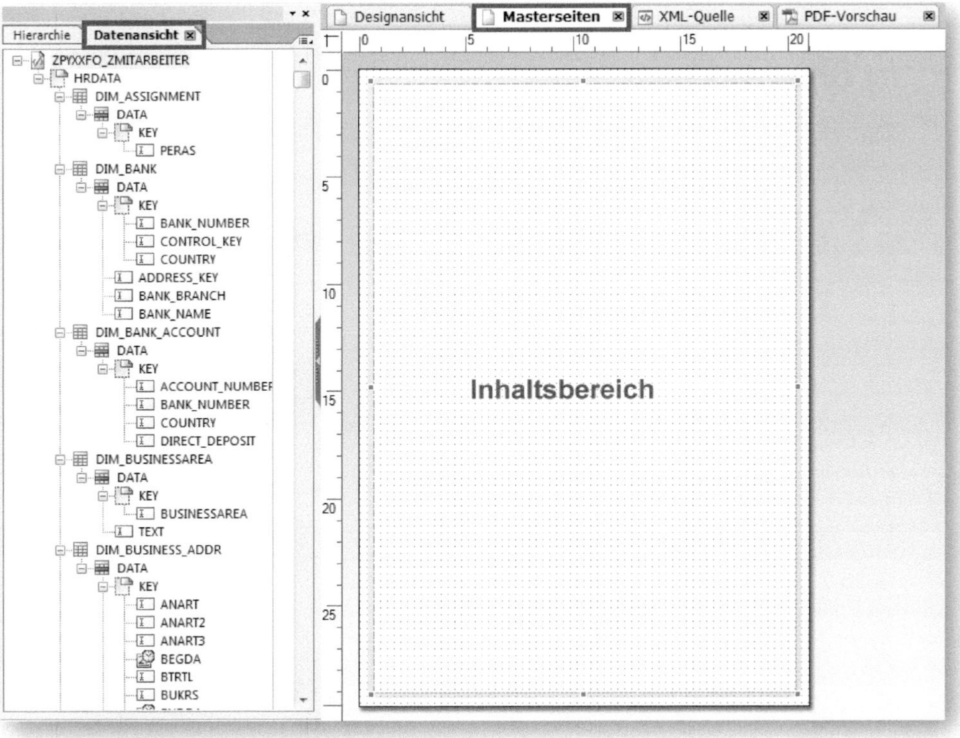

Abbildung 5.17: Inhaltsbereich

Wie in Abschnitt 4.1 erläutert, entscheiden Sie jetzt, was auf die MASTERSEITE kommt und was in der DESIGNANSICHT angelegt werden soll. Die Masterseite wurde als eine Art »Briefbogen« beschrieben. Also werden Sie hier am besten den Titel und das Logo einsetzen. Die anderen Objekte werden Sie im Designbereich einrichten.

Bevor Sie das Logo auf der Masterseite einrichten, müssen Sie den Inhaltsbereich, in dem Sie später die Mitarbeiterdaten einfügen wollen, um den Bereich/Platz nach unten verkleinern, den Sie oben für den Titel und das Logo verwenden werden.

In Abbildung 5.18 sehen Sie, dass der Inhaltsbereich in der Höhe um **3 cm** verkleinert und seine Position in der Höhe (Y-Achse) um **3 cm** nach unten geschoben wurde. Dadurch haben Sie jetzt einen Kopfbereich auf der Masterseite geschaffen, in dem Sie das Logo und den Titel einsetzen können.

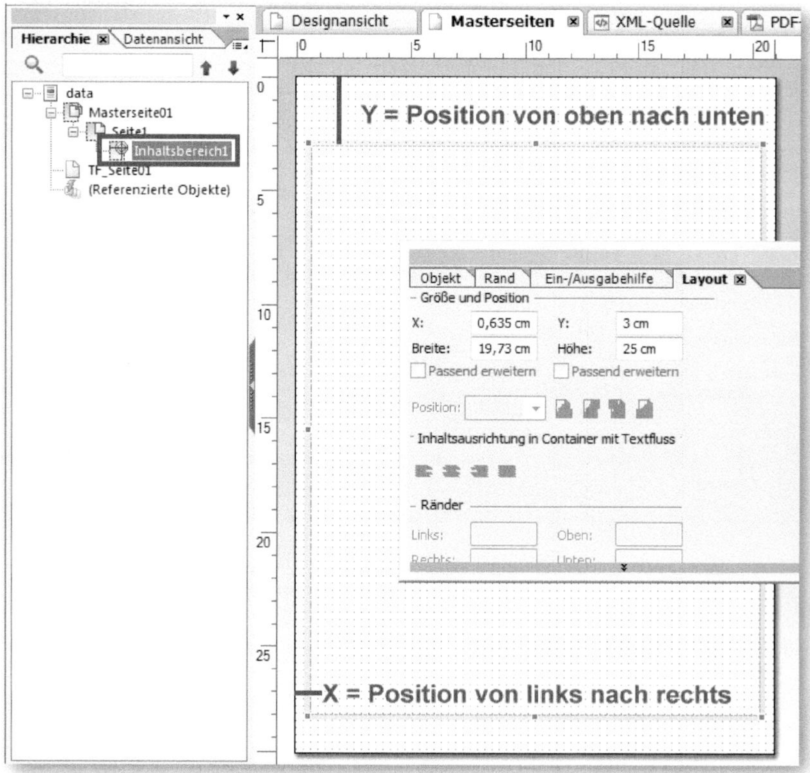

Abbildung 5.18: Inhaltsbereich einrichten

5.2.1 Logo einrichten

Für die Einrichtung des Logos benötigen Sie das Objekt BILD. Sie markieren das Objekt mit der linken Maustaste und platzieren es an der von Ihnen gewünschten/bevorzugten Position im Formular.

Objektbearbeitung

Sie können das Objekt direkt in der Ansicht markieren und dann in der Objektpalette bearbeiten. Um ein ungewolltes »Verrutschen« der Objekte zu vermeiden, empfehle ich Ihnen allerdings, sie grundsätzlich in der HIERARCHIE zu markieren. Ein Objekt wird dadurch automatisch in der Ansicht markiert und kann über die verschiedenen PALETTEN bearbeitet werden.

Das Logo sollte in einer nicht zu großen Datei auf Ihrem Rechner bereitstehen. Es empfiehlt sich, hier das Format JPG oder auch BMP zu verwenden. Der Einbau des Logos erfolgt in dieser Reihenfolge (siehe auch Abbildung 5.19):

1. Markieren des Objektes in der HIERARCHIE.
2. Öffnen der Palette OBJEKT.
3. Klick auf das Ordnersymbol am Feld URL.
4. Markieren der Bilddatei.
5. Klick auf ÖFFNEN.

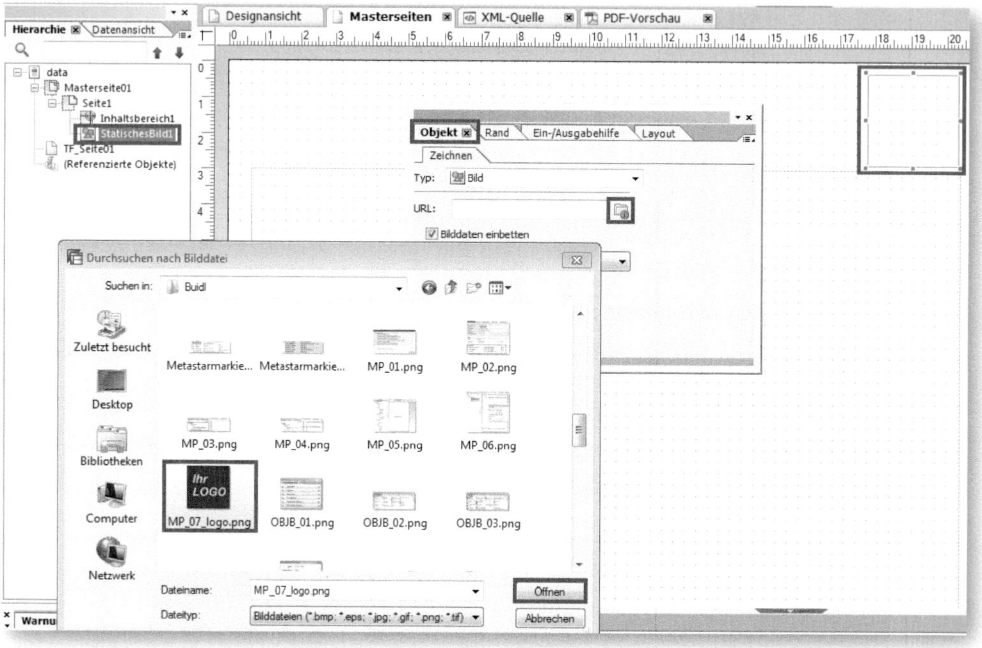

Abbildung 5.19: Bilddatei einfügen

Bilddaten einbetten

Damit ein Bild in das Formular integriert und die **URL** in Zukunft nicht mehr benötigt wird, muss unbedingt der Haken im Feld ☑ Bilddaten einbetten gesetzt sein (siehe Abbildung 5.20). Das Formular kann nun unabhängig im SAP-System erzeugt werden, ohne dass eine Verbindung zum Bildablageort bestehen muss. Beachten Sie auch, dass die Bilddateien nicht allzu groß sind. Wenn Sie mehrere Logos in einem Formular ablegen, erhöht sich die Dateigröße des Formulars immer um die Größe der Bilddateien, egal ob sie angezeigt oder unsichtbar im Formular hinterlegt sind. Das kann u. U., besonders beim Entgeltnachweis, zu erheblichen Laufzeitverlängerungen führen.

Abbildung 5.20 zeigt das Ergebnis, wie es auch in Ihrem Formular aussehen sollte.

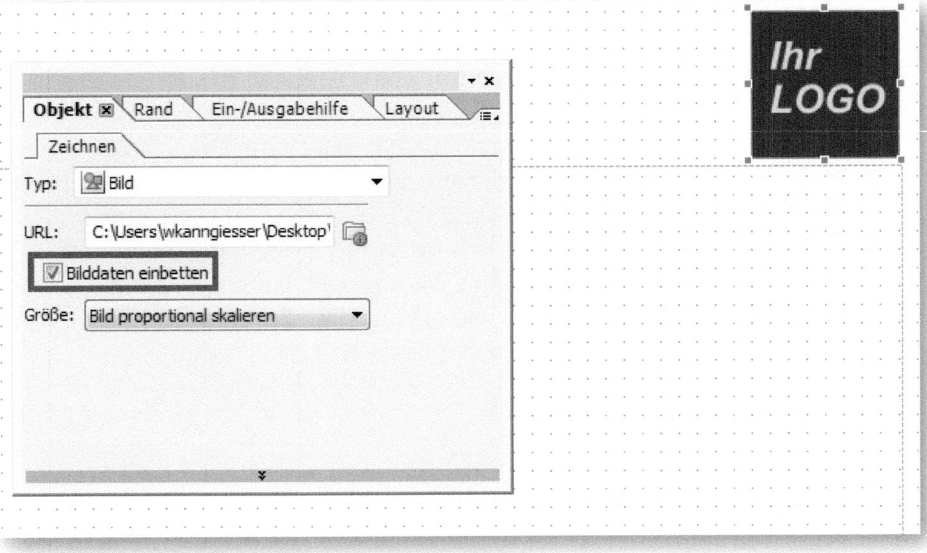

Abbildung 5.20: Eingerichtetes Logo

Das Logo befindet sich an der richtigen Position, ist im Formular eingebettet und die Größe stimmt auch; also ein gutes Ergebnis.

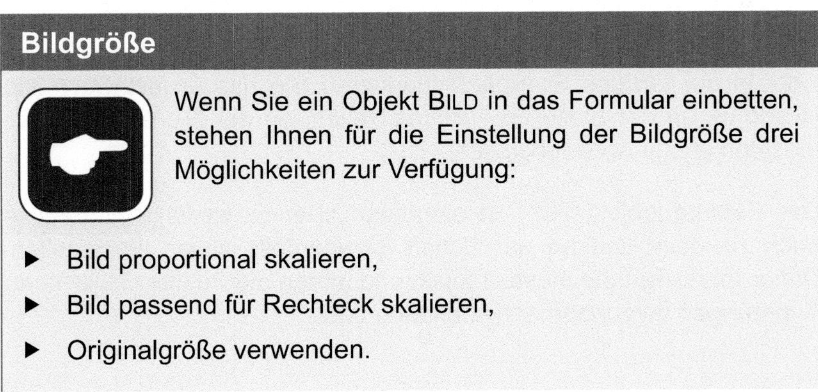

Bildgröße

Wenn Sie ein Objekt BILD in das Formular einbetten, stehen Ihnen für die Einstellung der Bildgröße drei Möglichkeiten zur Verfügung:

- Bild proportional skalieren,
- Bild passend für Rechteck skalieren,
- Originalgröße verwenden.

Ich empfehle, immer vorher die gewünschte Größe des Bildobjektes auf dem Formular einzustellen und die Auswahl **Bild proportional skalieren** zu verwenden. Dann fügt sich das Bild passend in das Objekt hinein, d. h., ohne die voreingestellte Position und Größe des Objektes BILD zu ändern. Beim Einfügen mit der Option **Bild passend für Rechteck skalieren** wird das Bild meist nicht proportional geändert und entspricht nicht mehr dem Originalaussehen. Bei der Option **Originalgröße verwenden** passt sich das Objekt BILD der Originalgröße an, und es kann dann zu unerwünschten Auswirkungen auf das gesamte Formular kommen, weil das sich vergrößernde Objekt Platz schafft, indem es alle anderen Objekte des Formulars verschiebt. (Die Zurücktaste rettet Sie, sollte es Ihnen einmal so passieren.)

5.2.2 Titel einrichten

Für den Titel benötigen wir ein Objekt TEXT, nicht zu verwechseln mit dem Objekt TEXTFELD. Der Unterschied liegt darin, dass in einem **Text**-Objekt der Inhalt von Ihnen selbst im Formular fest hinterlegt wird, während beim Objekt **Textfeld** der Inhalt durch die Schnittstelle geliefert werden soll.

Sie verfahren wie vorher beim Objekt »Bild«: Aus der OBJEKTBIBLIOTHEK in der Gruppe STANDARD markieren Sie das Objekt TEXT und lassen es an der Stelle im Formular fallen, an der Sie es platzieren möchten (siehe Abbildung 5.21).

Das Standardobjekt TEXT ist eingefügt, aber es ist für Ihre Zwecke noch zu klein, und an der Schrift ist ebenfalls etwas einzustellen. Daher markieren Sie dieses Objekt und öffnen die Palette OBJEKT, um Änderungen vorzunehmen (Abbildung 5.22).

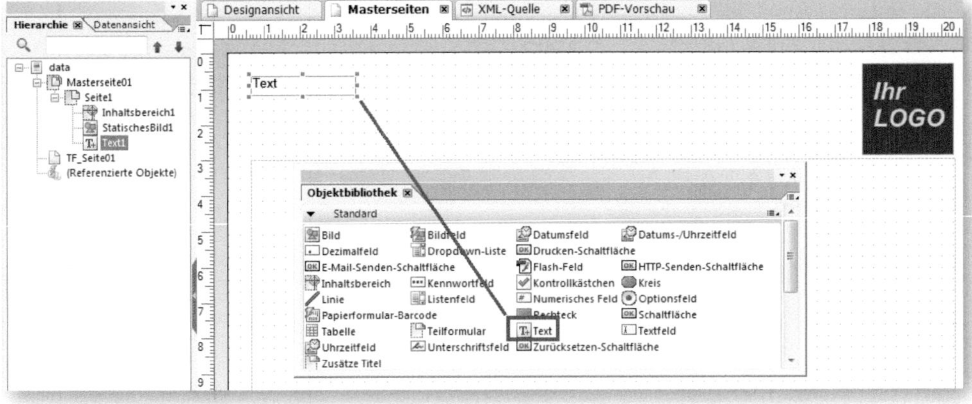

Abbildung 5.21: Objekt Text einfügen

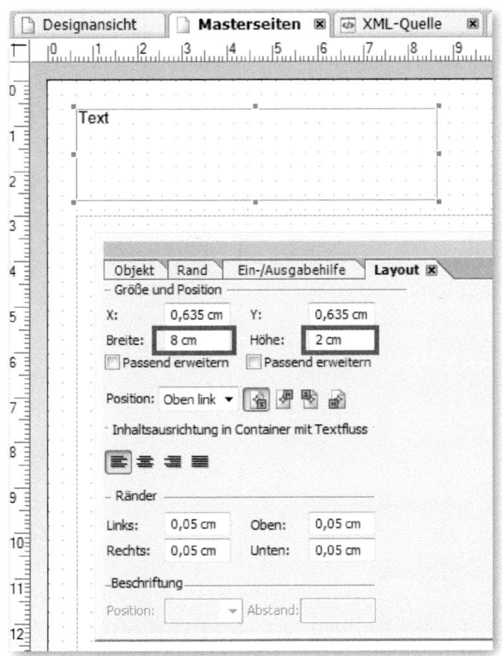

Abbildung 5.22: Palette »Objekt« – Größe ändern

Die Position ist schon korrekt, nur an Höhe und Breite sind Veränderungen erforderlich. Hier wählen Sie eine Breite von **8 cm** und als Höhe **2 cm**. Um den Text einzugeben, klicken Sie einfach auf das Wort **Text** und geben den gewünschten Titel ein. **Mitarbeiterprofil** erscheint mir hier sinnvoll, allerdings ist die Schriftgröße noch zu klein (Abbildung 5.23).

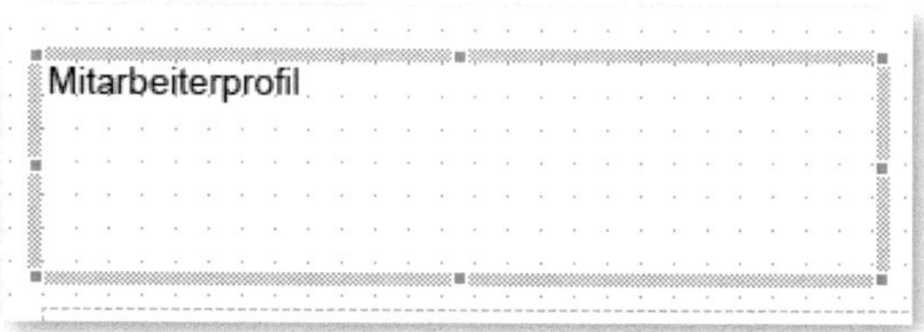

Abbildung 5.23: Schriftgröße im Feld »Text«

Die Schriftgröße passen Sie mit der Palette SCHRIFT an und können nun durch Eingeben von verschiedenen Größen ausprobieren, wie es am besten aussieht.

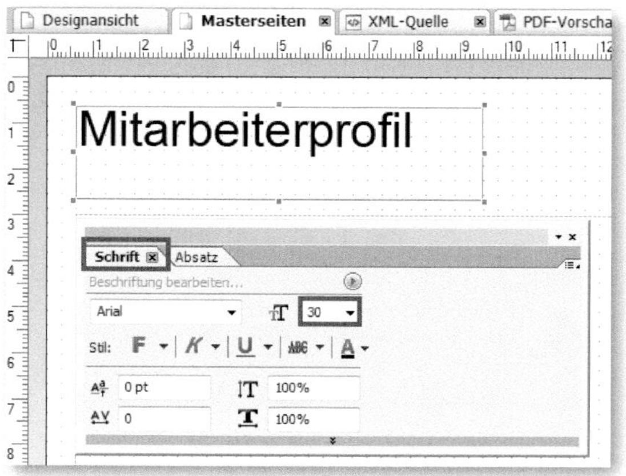

Abbildung 5.24: Schriftgröße anpassen

Abbildung 5.24 zeigt uns: Die Schriftgröße **30** sieht gut aus. Änderungen können Sie jederzeit durchführen. Die Möglichkeiten sind Ihnen von Textprogrammen bekannt, die täglich genutzt werden. Die Schriftart kann genauso geändert werden wie die Stile FETT und KURSIV. Nehmen Sie die gewünschten Einstellungen vor.

5.2.3 Schwebende Felder

Schwebende Felder hört sich nahezu mystisch an, aber Sie sollen hier keine Zaubertricks lernen. *Felder in Fließtext* ist die sachlich korrekte Bezeichnung. Ich habe sie noch unter dem anderen Begriff kennengelernt und finde ihn einfach schöner. Wozu brauchen wir diese Funktion? Die Felder werden mit den Eigenschaften der Datenfelder aus der Schnittstelle angelegt. Das bedeutet, dass zum Beispiel ein Feld für den Mitarbeiter-Nachnamen mit maximal 40 Stellen gefüllt werden kann. Es zwingt Sie aber auch, für mindestens 40 Zeichen Platz zu lassen, denn ein Nachname eines Mitarbeiters in Ihrem Formular kann sowohl mit dem Wert **Müller** = 6 Ziffern als auch mit dem Wert **Müllerhausen-Bolzwickedeschreckenstein** = 37 Ziffern ankommen. Wenn Sie dann noch einen aussagekräftigen Titel erstellen wollen, zum Beispiel **Mitarbeiterprofil für Herrn Michael Müller**, dann sähe es im Formular etwas verloren aus, weil der Abstand zwischen Vor- und Nachname sehr groß wäre. Daher benötigen Sie für diesen Titel vier Felder: ein Feld TEXT für das Wort Mitarbeiterprofil und je ein TEXTFELD für Anrede, Vorname und Nachname (siehe Abbildung 5.25).

Mitarbeiterprofil Herr Michael Müller
Mitarbeiterprofil Herr Michael Müllerhausen-Bolzwickedeschreckenstein

Abbildung 5.25: Textfelder für persönlichen Titel (1)

Das Feld TEXT haben wir in Abschnitt 5.2.2 schon genau passend eingerichtet, es ist unveränderlich. Das TEXTFELD für die Anrede lässt genau Platz für den Eintrag **Herr** oder **Frau**. Die Felder für Vorname und Nachname sind so eingerichtet, dass sie bis zu 40 Zeichen darstellen können. Im Formular sieht dies nicht besonders gut aus, wie Abbildung 5.26 zeigt.

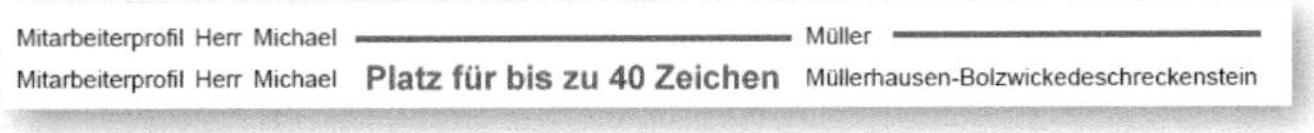

Mitarbeiterprofil Herr Michael Müller
Mitarbeiterprofil Herr Michael **Platz für bis zu 40 Zeichen** Müllerhausen-Bolzwickedeschreckenstein

Abbildung 5.26: Textfelder für persönlichen Titel (2)

Das können Sie viel schöner und professioneller darstellen, indem Sie schwebende Felder einsetzen. Sie benötigen dafür einzig ein Formular-Objekt TEXT, das Sie, wie im Abschnitt 4.2 gelernt, anlegen. Richten

Sie es über die Palette OBJEKT so ein, wie Sie es darstellen wollen. Fügen Sie etwa den Text **Mitarbeiterprofil** ein und positionieren Sie den Cursor eine Leerstelle hinter den eingetragenen Text. Wenn Sie jetzt auf die rechte Maustaste klicken, erscheint ein *Kontextmenü* (Abbildung 5.27), aus dem Sie die Funktion FELD IN FLIEßTEXT auswählen.

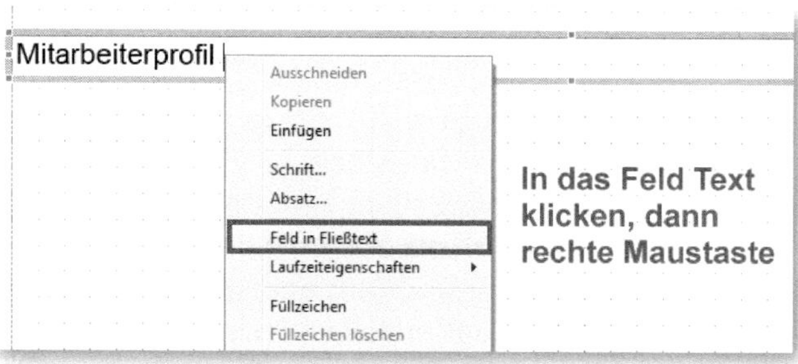

Abbildung 5.27: Feld in Fließtext

Es wird daraufhin ein weiteres TEXTFELD in der Zeile hinzugefügt (siehe Abbildung 5.28). Dabei handelt es sich um das Objekt TEXTFELD, das sich aber über die Palette OBJEKT in jedes gewünschte Objekt umwandeln lässt. Es kann also auch ein numerisches Feld oder ein Datumsfeld sein. Wichtig ist nur, dass eine Datenbindung eingerichtet werden kann. In der PRÄSENZ ist das Objekt **ausgeblendet**.

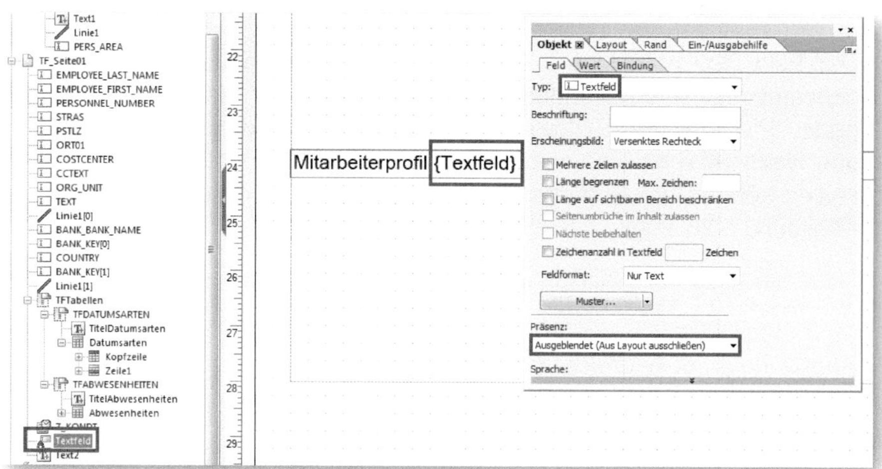

Abbildung 5.28: Textfeld im Fließtext

Sie müssen nun die entsprechende Datenbindung herstellen. In diesem Fall holen Sie sich die Daten aus der Dimension EMPLOYEE. Hier sind Anrede, Vorname und Nachname hinterlegt. Ändern Sie den Namen des Feldes in **Anrede**, wird dieser Name im Fließtext ebenfalls angezeigt (Abbildung 5.29).

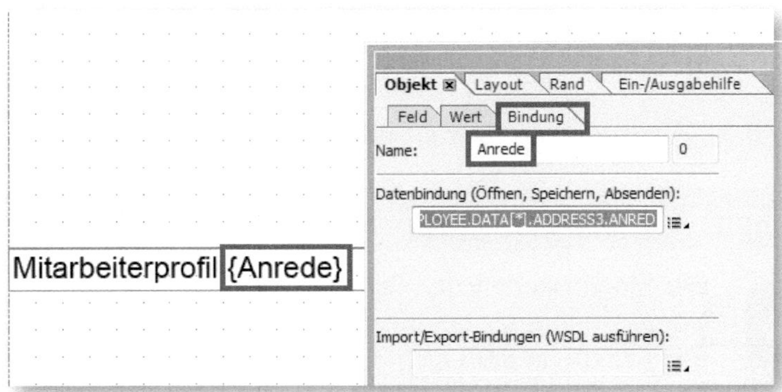

Abbildung 5.29: Datenbindung im Fließtext

Wiederholen Sie das Einfügen für die Objekte VORNAME und NACHNAME und stellen Sie die entsprechende Bindung her (Abbildung 5.30).

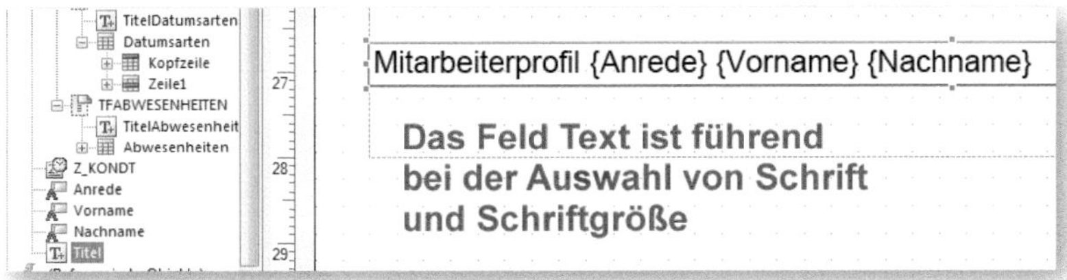

Abbildung 5.30: Felder im Fließtext

Das Feld TEXT ist als einziges Feld in der Präsenz sichtbar. Anpassungen an Schrift, Schriftgröße oder -farbe sind nur an diesem Feld möglich. Die eingefügten Objekte im Fließtext sind alle in der Präsenz ausgeschlossen, und somit wären auch deren Anpassungen im Layout unsichtbar.

Das fertige Feld bietet in der Ansicht ein viel schöneres Bild der dargestellten Werte (siehe Abbildung 5.31), da es sich immer der Größe des ankommenden Wertes anpasst. Sie können auf diese Weise jedes Datenfeld einbinden und Felder mit festem Text trennen; es wird sich immer anpassen.

Mitarbeiterprofil Herr Hans Michael Müllerhausen-Bolzwickedeschreckenstein

Mitarbeiterprofil Herr Michael Müller

Abbildung 5.31: Anzeige der Felder im Fließtext

Feld im Fließtext

Die Möglichkeiten der Funktion »Feld im Fließtext« werden begrenzt durch die Eigenschaften des Feldes »Text«, in dem sich die Fließtextfelder befinden. Es empfiehlt sich zu prüfen, ob man die Größe des Feldes durch die Einstellung »Automatisch anpassen« (vgl. Abschnitt 4.3) variabel gestalten kann. Vorher ist allerdings zu prüfen, wie viel Platz man im Formular hat, um zu verhindern, dass andere Felder möglicherweise überschrieben werden (siehe hierzu auch Abschnitt 6.3.1).

5.2.4 Trennlinie einrichten

Eine der herausragenden Eigenschaften des Adobe LiveCycle Designers gegenüber anderen Editoren, wie SAPScript oder Smartforms, ist die Möglichkeit der Layout-Gestaltung mit Farben, Linien und gestalterischen Elementen, wie Bildern und Kreisen. Zur optischen Aufwertung des Mitarbeiterprofils können Sie nun eine Trennlinie zwischen unserem Titel und den Datenfeldern einrichten. Die Objektbibliothek hat in der Gruppe STANDARD ein Objekt LINIE (siehe Abbildung 5.32), das Sie in das Formular an die gewünschte Stelle per Drag & Drop schieben.

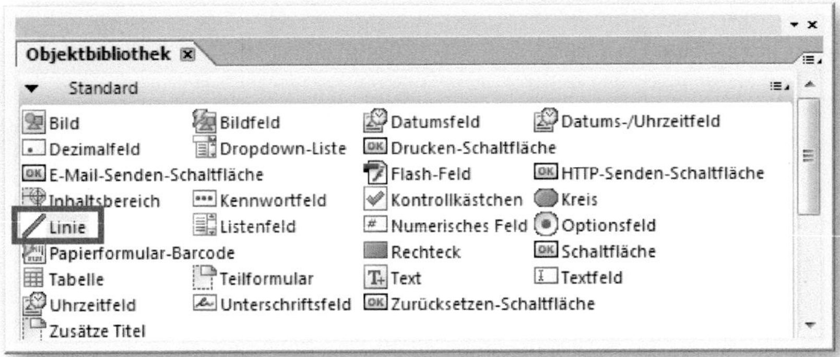

Abbildung 5.32: Objekt »Linie«

Das Standardobjekt hat noch nicht die gewünschte Größe, Farbe und Länge. In der Palette LAYOUT, zu sehen in Abbildung 5.33, können Sie das nun ändern.

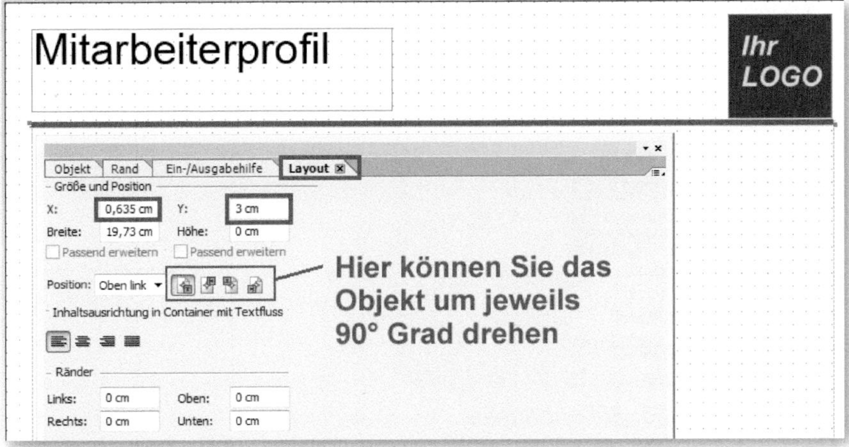

Abbildung 5.33: Anpassungen im Objekt Layout

Die gewünschten Änderungen betreffen die Positionen in der X- und Y-Achse sowie die Länge des Objektes. Diese passen Sie am besten der Breite des Inhaltsbereiches (hier **19,73 cm**) an.

Die Stärke und Farbe der Linie adaptieren Sie bei diesem Objekt direkt in der Palette OBJEKT (siehe Abbildung 5.34).

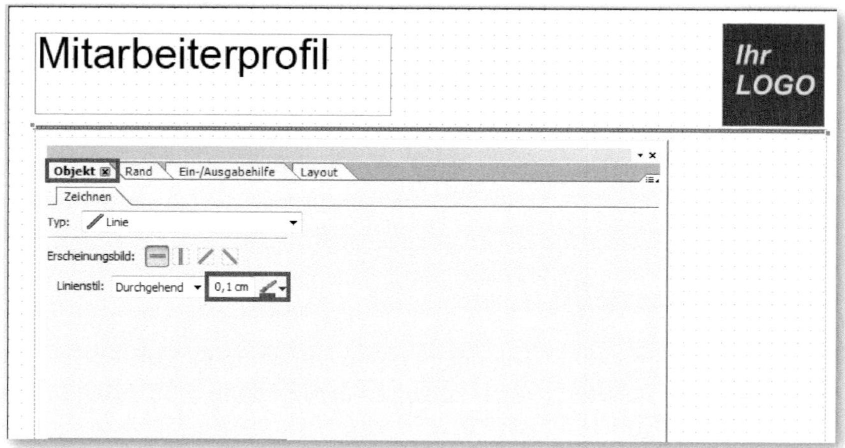

Abbildung 5.34: Palette »Objekt« – Typ »Linie«

Beides ist frei wählbar. Auch der Stil der Linie kann hier angepasst werden. Die Optionen zeigt Abbildung 5.35.

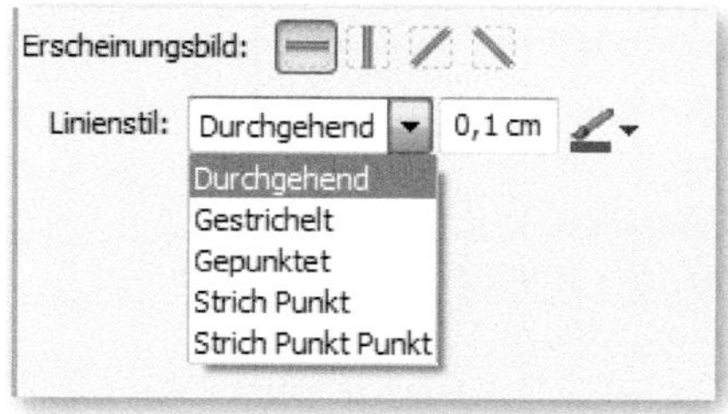

Abbildung 5.35: Stil anpassen

Bei diesen Möglichkeiten können Sie sich gestalterisch so richtig »austoben« und das Formular sehr individuell und optisch ansprechend arrangieren.

5.2.5 Datenfelder einfügen

Die Datenfelder können auf verschiedene Wege mit Formularfeldern verbunden werden.

Der einfachste Weg ist das Verschieben mittels Drag & Drop aus der Datenstruktur in das Formular. Durch diese Vorgehensweise wird das Datenfeld mit seinen Eigenschaften, wie Text- oder Numerisches Feld, und mit der Datenbindung als Formularobjekt angelegt. Die Ablage erfolgt im INHALTSBEREICH der DESIGNANSICHT.

Um die Datenfelder in das Formular zu übertragen, gehen Sie in der Datenansicht in den Star ITY_PERS_STRUCT und ziehen die Felder EMPLOYEE_LAST_NAME und EMPLOYEE_FIRST_NAME in das Formular, wie in Abbildung 5.36 zu sehen.

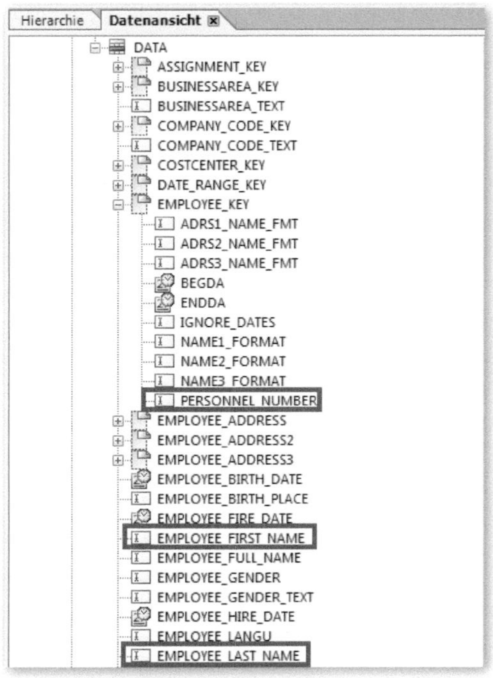

Abbildung 5.36: Datenansicht

Platzieren Sie die Datenfelder dort, wo Sie sie benötigen, beispielsweise wie in Abbildung 5.37 direkt unterhalb des Textfeldes »Mitarbeiterprofil«. Änderungen und Anpassungen an den Feldern können Sie jederzeit in der Objektpalette durchführen.

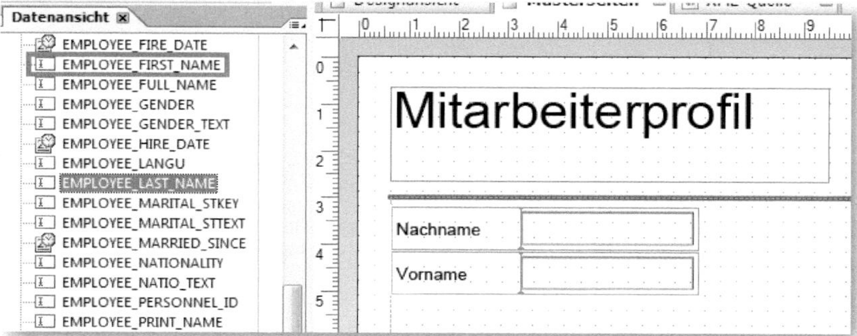

Abbildung 5.37: Datenfelder im Formular

Zurück-Button

Eine der wichtigsten Funktionen im Formulareditor ist der »Zurückpfeil« , der Sie immer dann »rettet«, wenn Sie ein falsches Feld eingesetzt haben oder nach einer Aktion das Formular nicht mehr so aussieht, wie Sie es gern hätten. Sie können diese Zurückfunktion mehrfach hintereinander verwenden. Innerhalb dieses Prozesses sind auch Vorwärtsschritte möglich, um Sie genau dahin zu bringen, wo alles noch in Ordnung war.

Im Formular fehlen jetzt noch die Felder der Personalnummer, Adresse, Kostenstelle und Organisationseinheit. Fügen Sie diese Felder wie vorher beschrieben in das Formular ein und sichern Sie dieses anschließend. Ihr Formular sollte jetzt wie in Abbildung 5.38 aussehen.

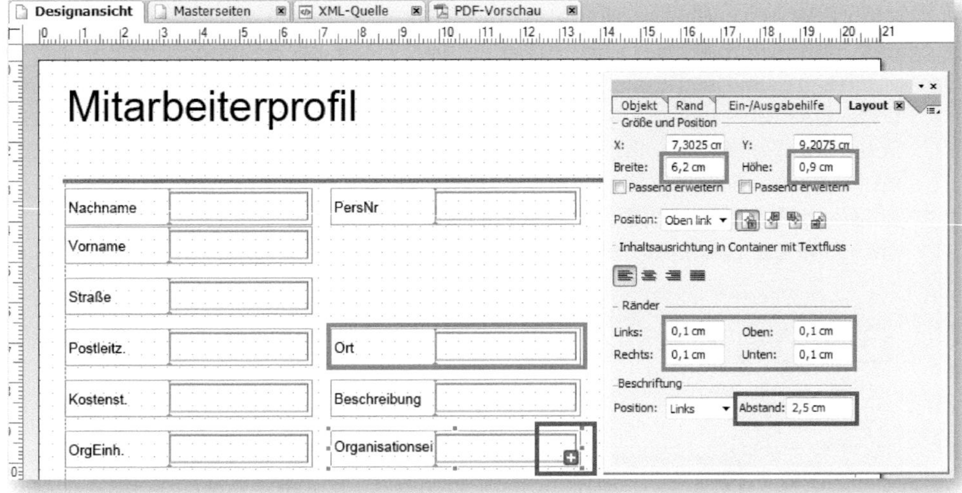

Abbildung 5.38: Ansicht Mitarbeiterprofil

Sie stellen fest, dass alle Datenfelder, die Sie in das Formular transportiert haben, das gleiche Format haben. Bei einem Feld sehen Sie in der rechten unteren Ecke ein weißes Kreuz auf rotem Grund. Dies ist ein Hinweis darauf, dass der Text für die Formularfeldbezeichnung anscheinend zu hoch ist und abgeschnitten wird. Wenn Sie mit der Maus über dieses Icon gehen, erscheint der entsprechende Hinweistext (siehe Abbildung 5.39).

Ort
Beschreibung
Organisationsei
Organisationsei nheitenkurztext
Links: 0,1 cm
Oben: 0,1 cm
Rechts: 0,1 cm
Unten: 0,1 cm
Beschriftung
Position: Links
Abstand: 2,5 cm
Textüberlauf
Die Beschriftung passt nicht in den vorgegebenen Bereich. Klicken Sie auf den Anzeiger, um das Objekt automatisch zu erweitern.

Abbildung 5.39: Hinweis Textüberlauf

Wenn Sie dem Hinweis folgen, indem Sie darauf klicken, ändert sich das Feld automatisch in der Höhe so weit, dass der gesamte Feldbezeichnungstext sichtbar ist. Das passt allerdings nicht in unser sonstiges Design, in dem alle Felder gleich groß sind. Ändern Sie also lieber die Feldbeschriftung, wie in Abbildung 5.40 gezeigt, indem Sie den ursprünglichen Beschriftungstext durch die Kurzform **Org.-IDText** ersetzen, und setzen Sie im Reiter LAYOUT die Höhe des Feldes auf die Höhe der anderen Felder zurück.

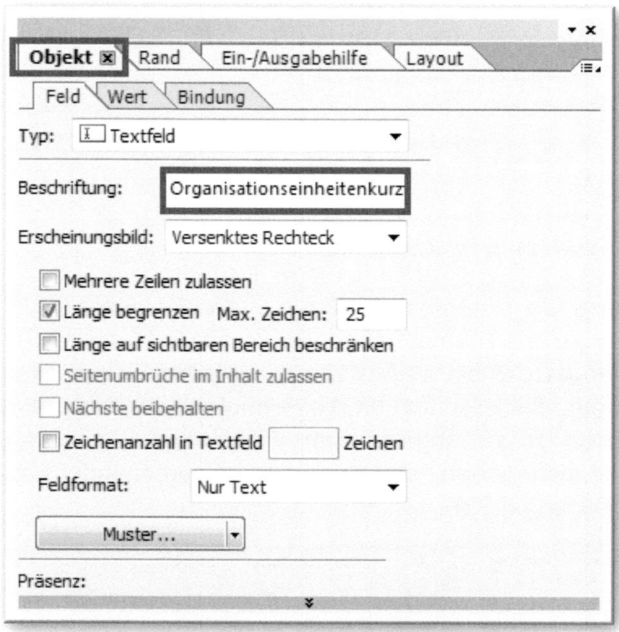

Abbildung 5.40: Feldbeschriftung ändern

Im Ergebnis sehen Sie nun, dass der gekürzte Beschriftungstext in das Feld hineinpasst (siehe Abbildung 5.41).

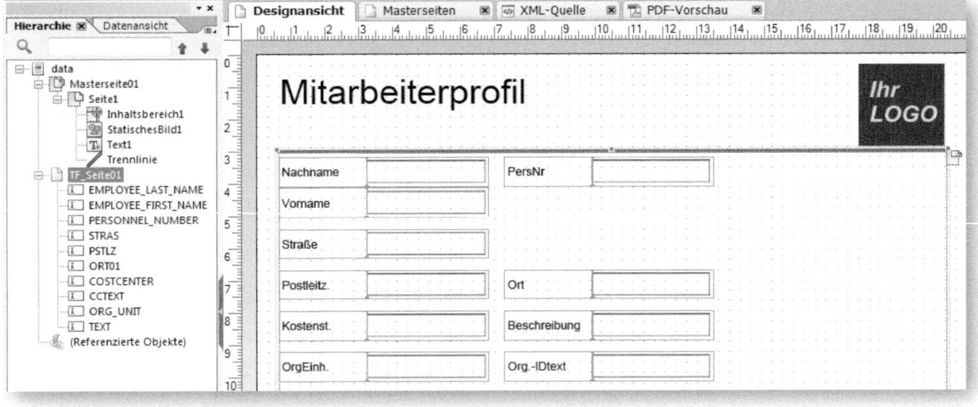

Abbildung 5.41: Zwischenstand Mitarbeiterprofil

Sie haben inzwischen einen sehenswerten Zwischenstand in der Erstellung des Formulars erreicht. Es sieht übersichtlich aus, und alles steht an seinem Platz. Neugierig wie wir sind, wollen wir uns das Formular einmal mit Daten gefüllt ansehen. Mit dem Druckprogramm, das automatisch beim Aktivieren des Formulars angelegt wurde, können Sie sich das Formular anzeigen lassen.

5.3 Druckprogramm

Bevor Sie das Druckprogramm aufrufen, kontrollieren Sie erst einmal, ob alle Formularteile aktiv sind. Sie gehen in die Übersicht und sehen, dass das Formular in allen Teilen auf **aktiv** steht (vgl. Abbildung 5.42). Um das Druckprogramm zu starten, wählen Sie am oberen linken Rand den Menüpunkt FORMULAR und klicken dann auf DRUCKPROGRAMM. Alternativ können Sie auch die F8-Taste verwenden.

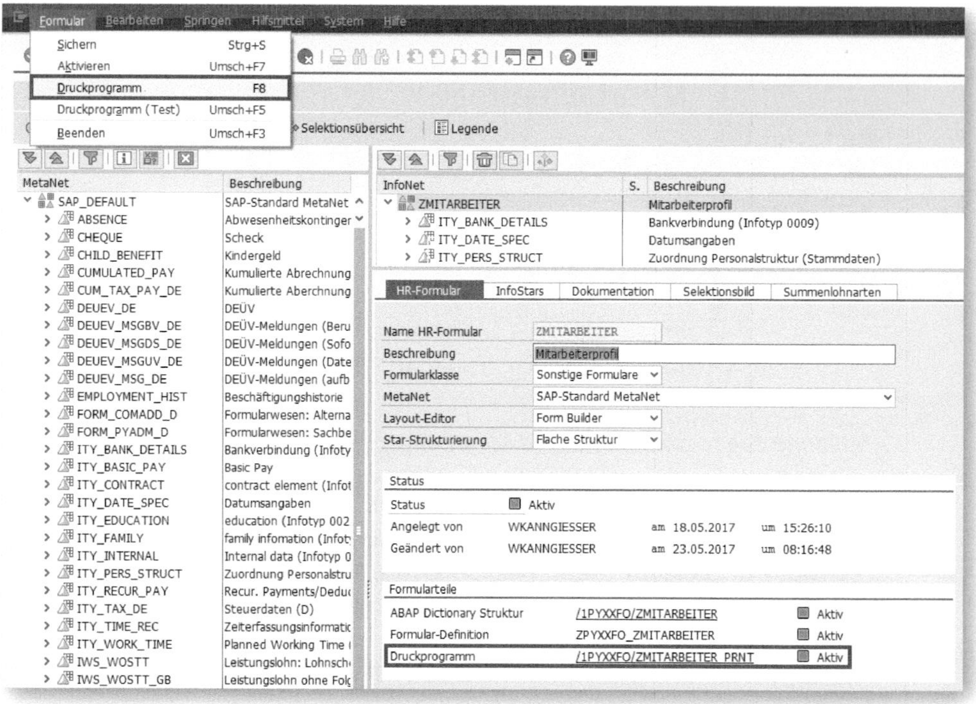

Abbildung 5.42: Druckprogramm aufrufen

Sie erhalten nun eine Ansicht, in der Sie den AUSWERTUNGSZEITRAUM und die PERSONALNUMMER wählen können (Abbildung 5.43).

Statistiken unterdrücken

In der Abbildung 5.43 sehen Sie, dass bei STATISTIKEN UNTERDRÜCKEN ein Haken gesetzt wurde. Nach jedem Formularaufruf zeigt SAP ein Kurzprotokoll, für wie viele Personen ein Erstellen der Formulare möglich war oder nicht. Diese Meldung können Sie unterdrücken, indem Sie den Haken setzen.

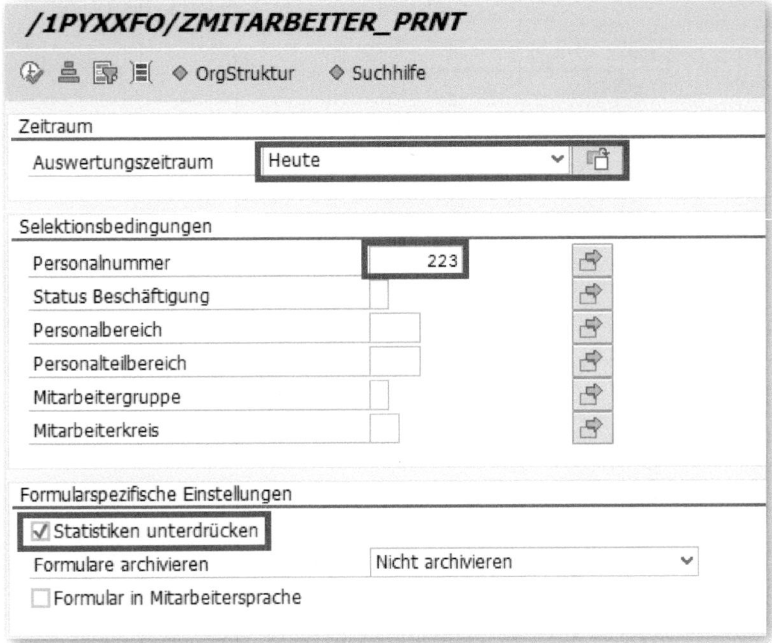

Abbildung 5.43: Druckprogramm – Datenauswahl

Der Auswertungszeitraum soll **Heute** sein, also wird es eine stichtagsbezogene Auswahl. Die Personalnummer sollte natürlich von einer Testperson sein, die im SAP HCM angelegt ist und über die erforderlichen Daten in den jeweiligen Infotypen verfügt. Sie klicken nun auf das Icon (Ausführen). Das System liefert Ihnen daraufhin eine weitere Auswahl, in der Sie entscheiden, ob Sie das Formular drucken oder ansehen wollen (Abbildung 5.44).

Abbildung 5.44: Ausgabeoptionen

Das Ausgabegerät wird aus den Vorgaben Ihres SAP-Users gezogen. Sollte die Anzeige beim Ausgabegerät leer sein, so können Sie einen verfügbaren Drucker mit der F4-Taste auswählen. Das kann der Standarddrucker **LP01** oder auch Ihr Drucker **LOCL** sein.

Druckerauswahl

In der Regel hat Ihre IT Ihnen einen funktionierenden Drucker angelegt, mit dem Sie täglich Ihre Dokumente ausdrucken. Dieser Drucker kann mitunter schon lange im Einsatz sein und verfügt möglicherweise nicht über den notwendigen aktuellsten Druckertreiber, um PDF-Dokumente anzeigen zu können. In diesem Fall erhalten Sie eine Warnmeldung: Keinen PDL Typ für Ausgabegerät BH1 gefunden.. Diese Warnmeldung führt zum Abbruch des Druckprogramms, weil kein gültiger aktueller Druckertreiber gefunden wurde. Wählen Sie den Standarddrucker **LP01**. Sollte dieser nicht funktionieren, müssen Sie sich mit Ihrer IT in Verbindung setzen, die Ihnen dann einen Drucker mit aktuellem Treiber einrichten muss.

Wenn Sie auf DRUCKANSICHT klicken, können Sie das Ergebnis im *Acrobat Reader*, der sich nun automatisch öffnet, ansehen (Abbildung 5.45).

Mitarbeiterprofil

Nachname	MUSTER	PersNr	00000223
Vorname	Thomas		
Straße			
Postleitz.	70184	Ort	Stuttgart
Kostenst.	1000	Beschreibung	Demoumgebung Sunn
OrgEinh.	50000001	Org.-IDtext	Sunny------

Abbildung 5.45: Ansicht Formular »Mitarbeiterprofil«

Das sieht doch schon einmal sehr gut aus! Es fällt auf, dass das Feld STRAßE nicht gefüllt ist und dass das Feld der Kostenstellen-BESCHREIBUNG zu kurz ist, um den gesamten Text anzuzeigen. Das zu ändern ist einfach: Sie gehen zurück in den Formulareditor und markieren das Formularfeld, in dem die Beschreibung der KOSTENSTELLE als Wert dargestellt werden soll. Öffnen Sie die Palette LAYOUT und korrigieren Sie die Breite des Objektes, wie in Abbildung 5.46 gezeigt, von 6,2 cm auf **8,0 cm**. Diese Anpassungen können Sie jederzeit nachträglich korrigieren.

Abbildung 5.46: Feldgröße korrigieren

Nun müssen Sie noch herausfinden, warum der Wert für STRAßE nicht geliefert wird. Es kann eigentlich nur an der Datenbindung liegen, die korrigiert werden muss.

Datenüberprüfung der Schnittstelle

HR FORMS bietet eine Funktion, die es Ihnen ermöglicht, nachzuprüfen, wo und welche Daten von der Schnittstelle geliefert werden. Benutzen Sie hierfür die Funktion *Druckprogramm (Test)*. Diese zeigt jede Dimension und jeden InfoStar mit den aus der Schnittstelle heraus gebildeten Werten an. Bei dieser Anzeige werden alle Daten bereitgestellt, ohne Berücksichtigung von Einträgen in den Bedingungen der InfoStars (vgl. Abschnitt 3.3).

5.4 Druckprogramm (Test)

Die Funktion DRUCKPROGRAMM (TEST) rufen Sie genauso auf wie vorher das Druckprogramm (siehe Abbildung 5.47).

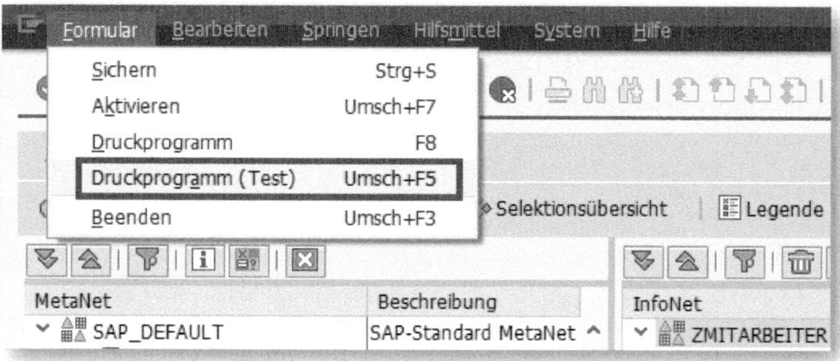

Abbildung 5.47: Aufruf Druckprogramm (Test)

Sie erhalten auch das gleiche Auswahlfenster wie im **Druckprogramm** (Abbildung 5.43), geben dieselbe Personalnummer ein und klicken zum Ausführen wieder auf das Icon . Es kann nun etwas dauern, weil die gesamten generierten Daten zusammengestellt werden, aber dann erscheint die in Abbildung 5.48 dargestellte Übersicht.

Sie sehen auf der linken Seite die InfoStars mit den Dimensionen, die Sie festgelegt haben. Auf der rechten Seite zeigt Ihnen die Übersicht, für welche Datenobjekte wie viele Datensätze erzeugt wurden.

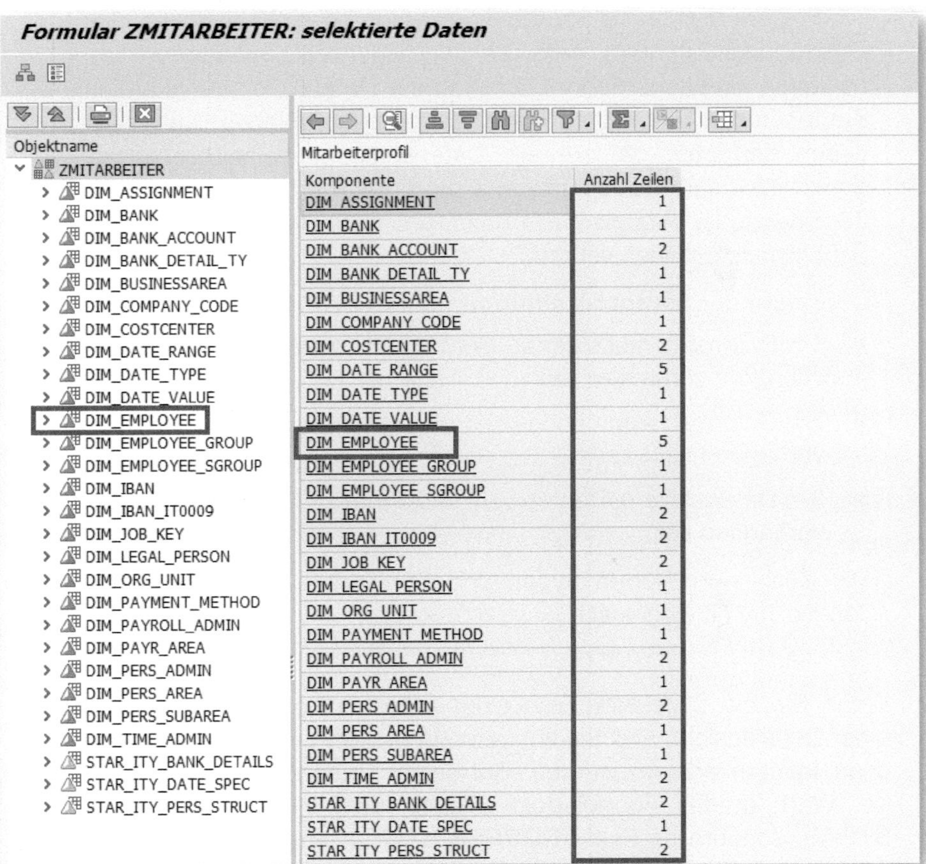

Abbildung 5.48: Schnittstellendaten in der Übersicht

Zeitbindung

Die *Zeitbindung* gewährleistet, dass für einen Mitarbeiter genau die Daten im System vorhanden sind, die das System für eine korrekte Verarbeitung der Mitarbeiterdaten und der personalwirtschaftlichen Prozesse wie die Personalabrechnung benötigt. Die Zeitbindung verhindert, dass Sie sich gegenseitig widersprechende Daten hinterlegen oder Lücken in der Datenhistorie entstehen. Sie legen hier fest, ob es nur einen einzigen gültigen Datensatz geben darf oder ob mehrere Datensätze nacheinander abgegrenzt bzw. sich überschneidend existieren dürfen. Die jeweilige Zeitbindung ist verantwortlich dafür, wie viele Datensätze in Ihrer Schnittstelle gebildet werden.

Übersicht der Standardzeitbindungen in SAP:

- 1 = Datensatz muss genau einmal und immer (ohne Unterbrechungen) vorhanden sein.
- 2 = Datensatz kann höchstens einmal, muss aber nicht immer vorhanden sein.
- 3 = Datensätze dürfen sowohl lückenhaft als auch beliebig oft vorhanden sein.

Die Zeitbindung für Infotypen und Subtypen wird in der SAP-Tabelle T777Z eingestellt.

Wenn Sie die DIMENSION EMPLOYEE anklicken, öffnet sich diese in einer Detailansicht, und Sie können nun prüfen, welche Werte in welchen Feldern erzeugt wurden. Bei dieser Prüfung sehen Sie, dass der Wert für das Formularfeld STRAßE nicht im Feld ADDRESS-STRAS, sondern im Feld ADDRESS-NAME-4 angezeigt wird (siehe Abbildung 5.49). Wie kommt das?

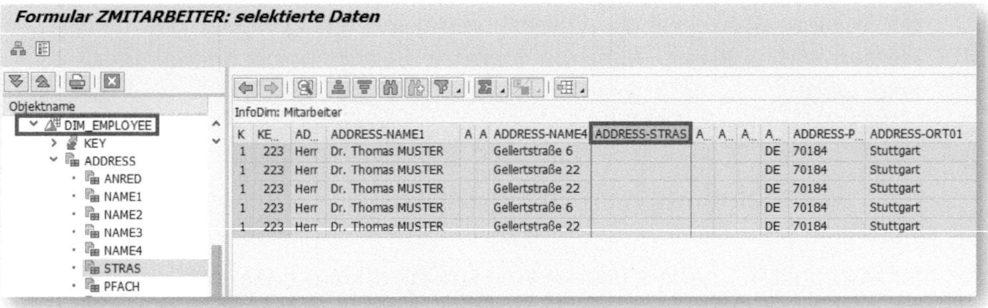

Abbildung 5.49: Adressdaten der Dimension »Employee«

Ich wollte Sie hier nicht in eine Falle laufen lassen, sondern habe bewusst zunächst das Feld STRAS für das Formular ausgewählt, damit die Beschreibung der Datenprüfung mit dem Druckprogramm (Test) und die notwendige Korrektur auch einen praktischen Hintergrund haben.

Funktionsbausteine im Druckprogramm

Wenn das Druckprogramm für das Formular generiert wird, liefert SAP einen sogenannten *Funktionsbaustein* mit, der dafür sorgt, dass internationale Darstellungsformate für Adressdaten berücksichtigt werden. Dies geschieht u. a. in Entgeltnachweisen für Grenzgänger, die zwar in Deutschland arbeiten, aber in einem Nachbarland gemeldet sind. Wie auch in Deutschland gibt es Vorschriften der jeweiligen Landespost, wie eine Adresse zu gestalten ist. So kommt in Belgien vielleicht eine Region oder in Frankreich ein Arrondissement (Bezirk) zur Adresse hinzu. Der Funktionsbaustein prüft die Nationalität der Adresse im Infotyp »0006 Adressdaten« und bereitet die gefundenen Informationen auf. Diese aufbereiteten Daten werden in nummerierten Adresszeilen abgelegt. Dadurch wird gewährleistet, dass die Anforderungen der jeweiligen Landespost eingehalten werden.

Sie wissen jetzt, dass die Datenbindung in dem Formular geändert werden muss, damit auch die korrekte Straßenbezeichnung angezeigt wird.

5.5 Datenbindung im Kontext anpassen

Im Abschnitt 4.1 habe ich in einem Hinweis erklärt, dass man aus der Ansicht DATENFELDER durch Ziehen des Feldes in den *Inhaltsbereich* ein Formularfeld erzeugen kann, das die Attribute des Datenfeldes und die Datenbindung mitbringt. Die Datenbindung ist in der Palette OBJEKT sichtbar.

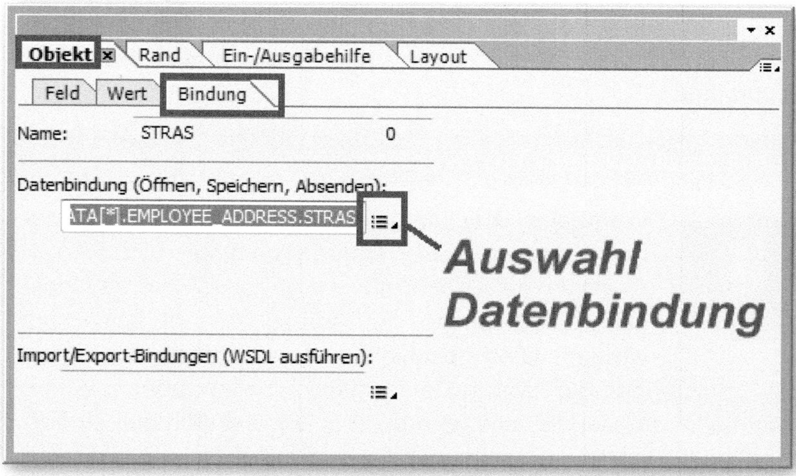

Abbildung 5.50: Anzeige Datenbindung

In Abbildung 5.50 sehen Sie, dass das Formularfeld die Bindung auf das Datenfeld STRAS hat, und Sie wissen, dass diese Bindung das Formularfeld nicht mit dem gewünschten Wert gefüllt hat. Sie können an dieser Stelle die Datenbindung ändern. Es ist ein sehr komplexer und kompliziert erscheinender Prozess, aber mit ein wenig Übung ist es mit Sicherheit kein Problem für Sie. Hinter dem kleinen Reiter neben dem Feld DATENBINDUNG öffnen Sie per Mausklick ein Kontextmenü (siehe Abbildung 5.51).

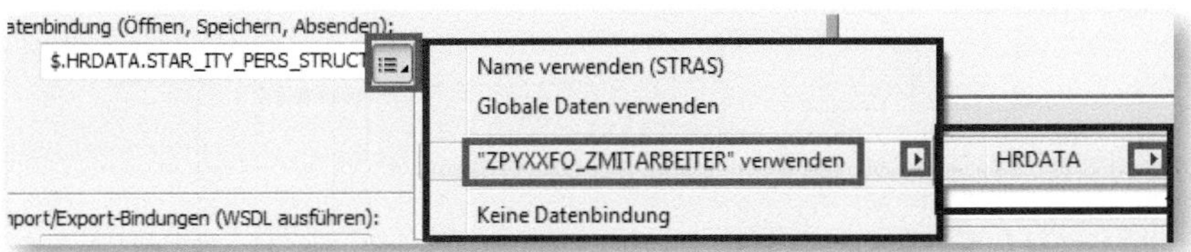

Abbildung 5.51: Kontextmenü Datenschnittstelle

ZPYXXFO_ZMITARBEITER ist Ihr Formular. Gehen Sie mit dem Mauszeiger auf den kleinen Pfeil rechts neben der Anzeige. Es öffnet sich (ohne Klick) automatisch HRDATA, das ist die oberste Wurzel der Schnittstelle des Formulars. Bleiben Sie auf diesem Feld und gehen Sie mit dem Mauszeiger auf den nächsten kleinen Pfeil rechts neben der Anzeige.

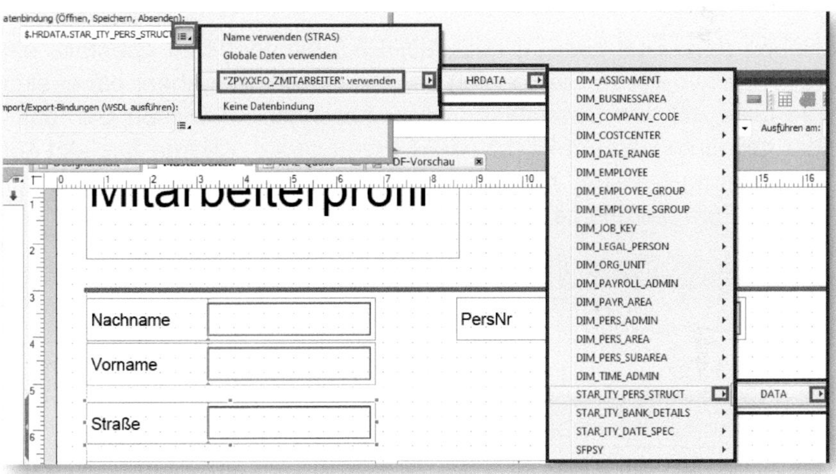

Abbildung 5.52: Kontextmenü »Datenschnittstelle« erweitert

Jetzt sehen Sie (Abbildung 5.52) die Objekte der Formularschnittstelle und finden dort den STAR_ITY_PERS_STRUCT. Von dort geht es wieder über den kleinen Pfeil weiter, und nun sind Sie endlich in der Objektübersicht dieses InfoStars angekommen. Bleiben Sie mit dem Mauspfeil innerhalb des Auswahlfensters.

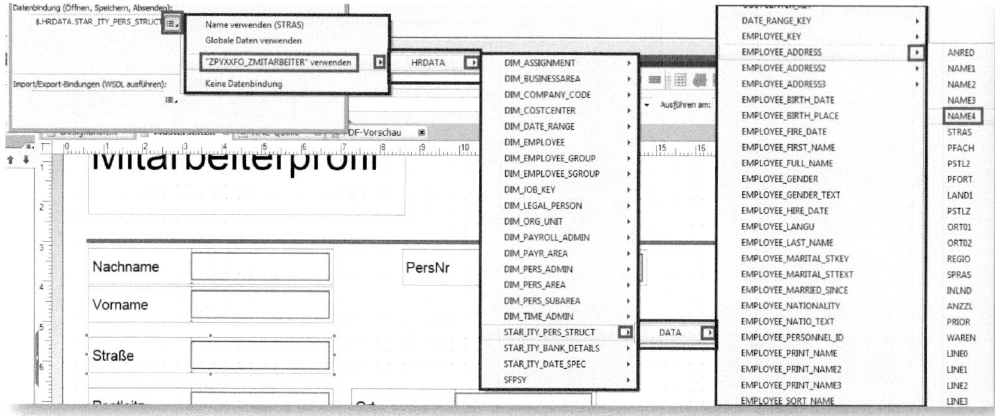

Abbildung 5.53: Objektübersicht STAR_ITY_PERS_STRUCT

Neben dem Feld EMPLOYEE_ADRESS befindet sich ebenfalls ein kleiner Pfeil. Wenn Sie hier mit der Maus darüber gehen, öffnet sich die Liste mit den Datenfeldern. Aus Abschnitt 5.4 wissen Sie, dass der gesuchte Wert im Feld NAME4 erzeugt wird. Klicken Sie jetzt auf den Eintrag NAME4, und Sie haben die korrekte Datenbindung für dieses Formularfeld hergestellt, wie Abbildung 5.54 zeigt.

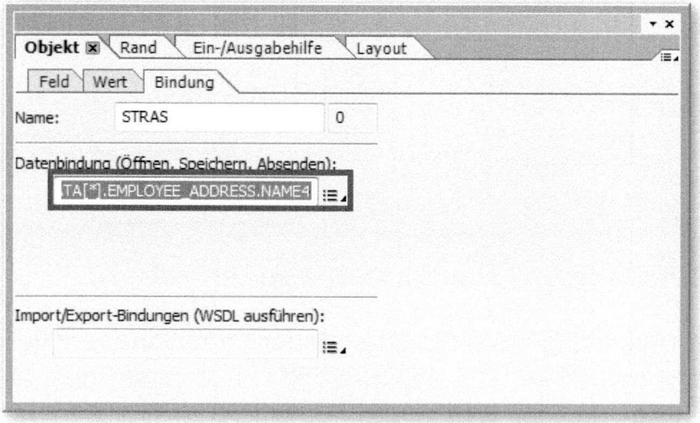

Objekt | Rand | Ein-/Ausgabehilfe | Layout
Feld | Wert | Bindung
Name: STRAS 0
Datenbindung (Öffnen, Speichern, Absenden):
TA[*].EMPLOYEE_ADDRESS.NAME4
Import/Export-Bindungen (WSDL ausführen):

Abbildung 5.54: Korrigierte Datenbindung

War diese Vorgehensweise zu kompliziert? Probieren Sie es doch einfach ein paar Mal aus. Mit der Zeit werden Sie den Bogen sicher raushaben. Sollte diese Art der Datenbindung nun gar nicht Ihr Fall sein, zeige ich Ihnen gern im nachfolgenden Abschnitt eine weitere Möglichkeit der Einrichtung einer Datenbindung.

5.6 Datenbindung im Editor anpassen

Eine weitere Methode, die Datenbindung einzurichten oder zu korrigieren, bietet der Editor. Sie wird angewendet, wenn Sie z. B. aus Ihrer Objektbibliothek ein Objekt TEXTFELD auswählen und im Inhaltsbereich positionieren. Während Sie das Textfeld direkt aus der DATENANSICHT im Editor in den INHALTSBEREICH schieben, wird die Datenbindung automatisch »mitgenommen«. Wird das Objekt dagegen aus der Objektbibliothek angelegt, müssen Sie die Datenbindung nachträglich hinzufügen. Abbildung 5.55 zeigt rechts das von Ihnen positionierte **Textfeld** und links die in der Editoransicht gewählte DATENANSICHT. Das Datenfeld, das Sie nun mit dem Formularfeld verbinden möchten, haben Sie ebenfalls schon gefunden.

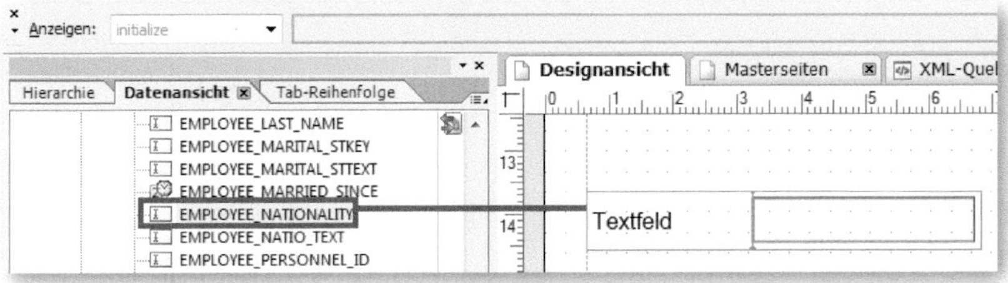

Abbildung 5.55: Bindung einrichten

Uns soll als Beispiel die Nationalität angezeigt werden. Dieses Datenfeld befindet sich im Star ITY_PERS_STRUCT. Markieren Sie das Feld mit der linken Maustaste und halten Sie die Maustaste gedrückt. Gehen Sie nun mit gedrückter Maustaste über das Formularfeld, bis ein kleiner Pfeil im Feld erscheint (siehe Abbildung 5.56). Lassen Sie die Maustaste jetzt los.

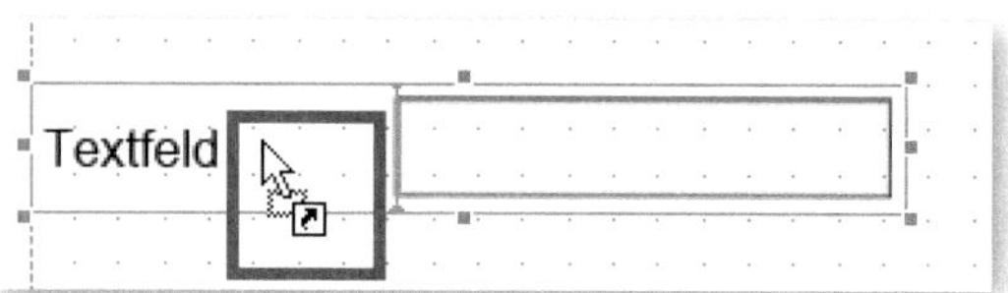

Abbildung 5.56 : Bindung aus Datenansicht

Nun erscheint noch eine Abfrage, welche Attribute Sie für diese Bindung »mitnehmen« wollen (siehe Abbildung 5.57).

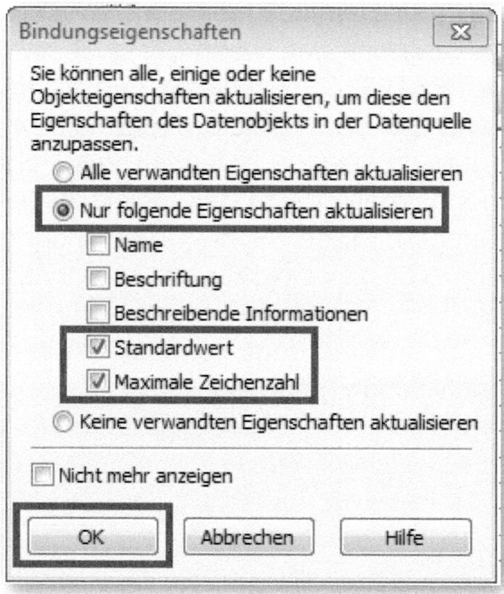

Abbildung 5.57: Bindungseigenschaften

Attributübernahme

Sie können alle Datenfeldattribute übertragen, allerdings wird dann auch die SAP-Standardbezeichnung des Feldes übernommen und überschreibt die von Ihnen im Feld vorgesehene Beschriftung. Daher lautet meine Empfehlung, lediglich die Attribute STANDARDWERT und MAXIMALE ZEICHENZAHL zu übernehmen.

Diese empfohlene Einstellung können Sie jederzeit ändern und für Ihre Anforderungen anpassen. Der letzte Klick auf OK erzeugt die gewünschte Datenbindung. Sie ist jetzt in der PALETTE OBJEKT in dem Reiter BINDUNG eingerichtet.

5.6.1 Übungsaufgabe

Bevor wir zum nächsten Thema kommen, gibt es noch eine kleine Übungsaufgabe zur »Entspannung«. In unserem Formular fehlen noch die Felder für die Bankdaten.

Bankdatenfelder im Formular einrichten

Die Bankdaten sollen unterhalb der Adresse angezeigt werden. Um das Ganze wieder optisch etwas aufzuwerten, trennen Sie den Bereich zwischen Adress- und Bankdaten mit einer Trennlinie und legen im *Inhaltsbereich* die Felder

- BANKNAME,
- BANKSCHLÜSSEL,
- LÄNDERKÜRZEL DER BANK sowie
- die IBAN-NUMMER an.

Danach trennen Sie den Bereich nach unten mit einer weiteren TRENNLINIE ab. Nach den Bankdaten werden Sie später die Tabelle für die Datumsangaben einrichten.

Sie können die Aufgabe ganz nach Ihren Vorstellungen gestalten, es ist ja Ihr Formular. Wie Sie Datenbindung einrichten, haben Sie in den Abschnitten 5.5 und 5.6 kennengelernt. Schön wäre es, wenn Sie die Datenfelder mit einem Rand versehen. Dazu machen wir noch einen kurzen Ausflug zurück in die Objektbearbeitung. Die Textfelder, die Sie bereits angelegt haben, sind im Standard alle mit der Formatierung AUSGEFÜLLTES RECHTECK angelegt, wie Abbildung 5.58 zeigt.

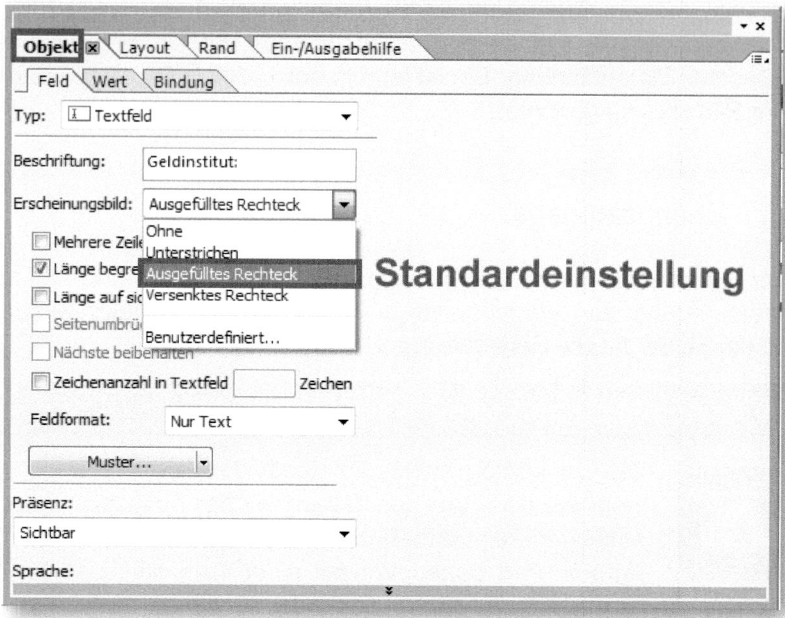

Abbildung 5.58: Standardformatierung für ein Textfeld

Wählen Sie in der Objektpalette im Reiter FELD über die Funktion ERSCHEINUNGSBILD die Einstellung **Ohne**. Nun gehen Sie in den Reiter RAND. In diesem Bereich können Sie die Art des Randes für das Formularfeld auswählen (siehe Abbildung 5.59).

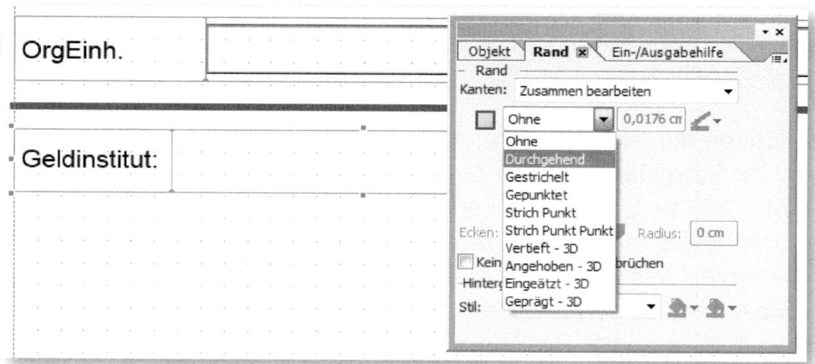

Abbildung 5.59: Randattribute einstellen

Auch hier haben Sie sehr viele Auswahlmöglichkeiten. Probieren Sie einfach alle angebotenen Randeigenschaften einmal aus. Wählen Sie die Einstellung, die zu Ihren Vorstellungen passt. Dasselbe gilt für die farbliche Gestaltung des Randes. Hierfür steht Ihnen die gesamte Farbpalette zur Verfügung (siehe Abbildung 5.60). Experimentieren ist an dieser Stelle ausdrücklich erwünscht.

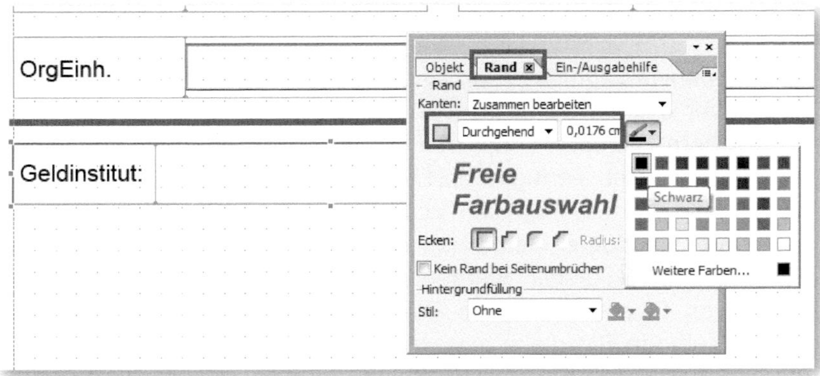

Abbildung 5.60: Farbpalette für Formularfeldeinstellungen

Anschließend sollte der Bankdatenbereich in Ihrem Editor etwa wie in Abbildung 5.61 aussehen.

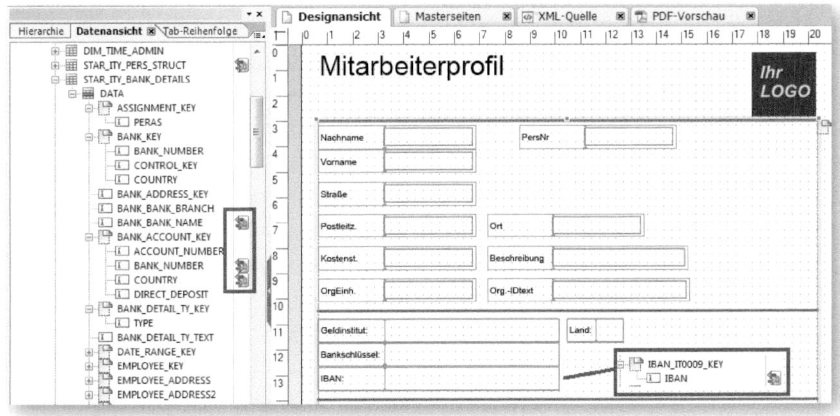

Abbildung 5.61: Bankdaten im Editor

Den Reiter PDF-Vorschau haben wir bisher noch nicht benutzt, weil dieser nur dann funktioniert, wenn Sie eine Datei erzeugt haben, mit der Sie das Formular inklusive Feldwerten anzeigen können. Das machen wir jetzt im Abschnitt 5.7.

5.7 Datenvorschaudatei erstellen

Eine *Datenvorschaudatei* ist eine sehr praktische Arbeitserleichterung, über die Sie sämtliche verfügbaren Daten in einer XML-Datei abspeichern, die dann in der PDF-Vorschau verwendet werden kann. Sie wird mit allen verfügbaren Daten aus der Schnittstelle gebildet, ähnlich wie bei der Funktion »Druckprogramm (Test)« in Abschnitt 5.4. Das Besondere hierbei ist, dass diese Daten im Kontext der Formularstruktur erstellt werden. Das bedeutet auch, dass die im Editor von Ihnen angelegten Felder – egal mit welcher Datenbindungs-Methode Sie diese einrichten – in der PDF-Vorschau schon mit dem verfügbaren Wert gefüllt sind. Sie brauchen den Editor nicht zu verlassen und das *Druckprogramm* auszuführen (vgl. Abschnitt 5.3), um das Ergebnis Ihrer Arbeit zu überprüfen, sondern können sich das Formular dort direkt ansehen.

Vorschaudatei erstellen

Die Vorschaudatei ist nur nutzbringend, solange Sie am InfoNet oder im Formularkontext nichts ändern. Sobald Sie dort eine Änderung vorgenommen haben, müssen Sie zwingend eine aktualisierte Vorschaudatei erzeugen. Sie erhalten sonst verfälschte Anzeigen und Werte. Die daraus resultierende Mehrarbeit, um den Fehler zu suchen und zu bereinigen, wäre völlig sinnlos, da aufgrund der Änderungen an InfoNet und Formularkontext die Struktur des aktivierten Formulars ganz anders sein kann.

Der Weg, eine Vorschaudatei zu erstellen, erscheint im ersten Moment etwas kompliziert, aber das sind Sie doch jetzt schon gewohnt, oder? Sie verlassen die Transaktion **HR FORMS** und befinden sich dann in der Umgebung *SAP Easy Access*. Oben links ist das TRANSAKTIONSFELD, in das Sie die Transaktion SFP eingeben. Die Transaktionsbezeichnung steht für *SAP Form Builder*. Sie gelangen in eine Auswahlübersicht, in der Sie das Formular oder die Schnittstelle aufrufen können. Um die Vorschaudatei zu erstellen, benötigen Sie Ihr Formular. Es hat den Namen MITARBEITERPROFIL, steht aber in dieser Auswahl nur mit seinem technischen Namen zur Verfügung. Da Sie den nicht kennen, suchen Sie das FORMULAR mit der Eingabe ***mitarb*** und drücken dann die F4-Taste (Abbildung 5.62).

Abbildung 5.62: Auswahlfelder im Form Builder

Bestätigen Sie die Auswahl, und das Formular wird im entsprechenden Auswahlfeld angezeigt (Abbildung 5.63). Nun klicken Sie auf den Menüpunkt HILFSMITTEL und wählen im Kontextmenü EINSTELLUNGEN.

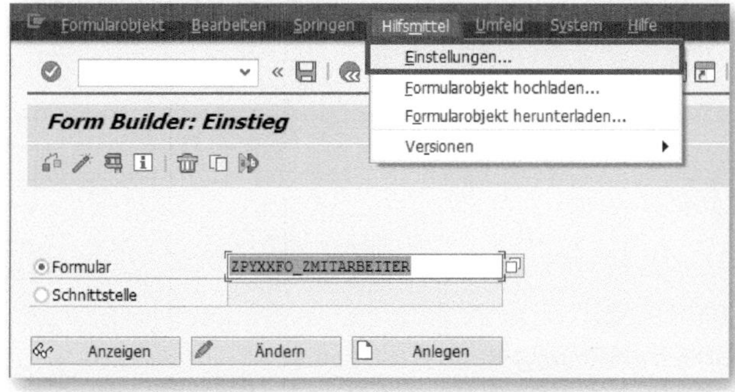

Abbildung 5.63: Form Builder – Hilfsmittel

Hilfsmittel im Form Builder

In der Abbildung 5.63 sehen Sie die im Kontextmenü ebenfalls verfügbaren Punkte FORMULAROBJEKT HOCHLADEN und FORMULAROBJEKT HERUNTERLADEN. Diese Funktionen werden zur Sicherung des Formulars verwendet. Es bietet sich an, sie bei komplexen Formularprojekten häufiger zu nutzen, um eine Sicherung des Formulars mit einem bestimmten Stand abzuspeichern. So kann man, wenn das Formular nicht mehr wie gewünscht funktioniert und man es auch nicht mehr zurückbauen kann, den letzten Stand wieder hochladen. Die gleiche Funktion wird ebenfalls in der Transaktion **HR FORMS** angeboten. Allein für eine Sicherung müssen Sie also nicht zur Transaktion **SFP** wechseln.

In den EINSTELLUNGEN unter HILFSMITTEL erhalten Sie ein Auswahlmenü zum sogenannten *Trace* (siehe Abbildung 5.64).

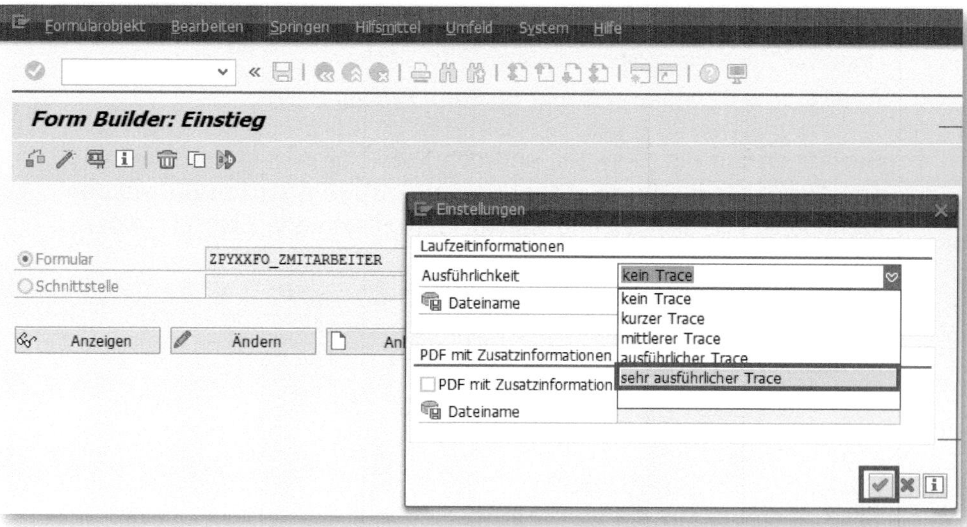

Abbildung 5.64: Trace-Einstellungen im Form Builder

Trace im Formular

Ein Trace (engl. = Spur) wird verwendet, um einem Fehler auf die »Spur« zu kommen. In den meisten Fällen werden die erzeugten Trace-Dateien verwendet, um bei Performance-Problemen (z. B. sehr lange Laufzeiten) herauszufinden, wo deren Ursachen liegen könnten. In der gewählten Einstellung **sehr ausführlicher Trace** werden mehrere Dateien erzeugt, von denen uns im Projektschritt »Vorschaudatei erstellen« nur die Datei mit der Bezeichnung XFD.xml interessiert.

Sichern Sie nach Auswahl der Einstellung des Trace-Levels die Eingabe und verlassen Sie den Bereich der Transaktion **SFP**. Gehen Sie zurück in die Transaktion **HR FORMS** und führen Sie das Druckprogramm aus (vgl. Abschnitt 5.3). Wenn Sie in die Druckansicht gehen und sich das Formular im *Adobe Reader* öffnet, gehen Sie einmal mit der Maustaste am oberen Rand entlang. Es erscheint eine schwarze Leiste mit Symbolen. Sie stehen für Funktionalitäten im Adobe Reader, wie DRUCKEN, SPEICHERN, ANZEIGE VERGRÖẞERN oder VERKLEINERN (siehe Abbildung 5.65).

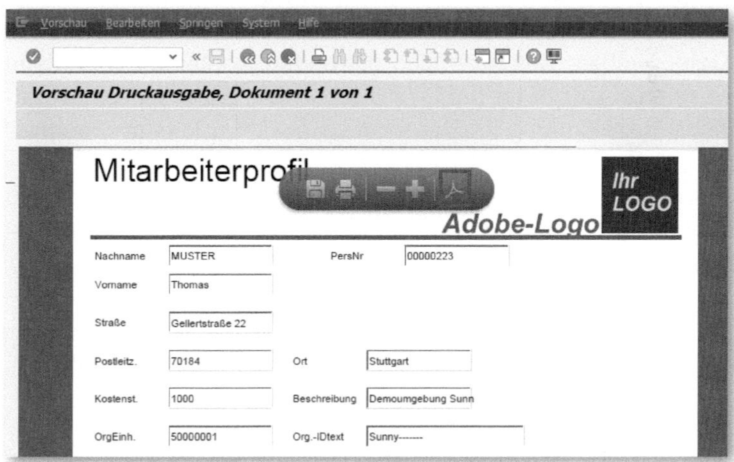

Abbildung 5.65: Adobe Reader – Symbolleiste

Ganz rechts sehen Sie das Logo von Adobe. Klicken Sie einmal auf das Symbol, öffnet sich auf der linken Seite ein zusätzliches Menü: Am linken Rand erscheinen weitere Symbole. Interessant für Sie ist das Symbol mit der Büroklammer 🖇. Mit einem Klick darauf werden die Anlagen angezeigt, die mit der Einstellung **sehr ausführlicher Trace** erstellt wurden (Abbildung 5.66).

Abbildung 5.66: Anlagenansicht im Adobe Reader

Die Datei, die Sie brauchen, ist die **XFD.xml**. Das ist Ihre Vorschaudatei, die alle Datenwerte entlang unserer Formularstruktur beinhaltet. Um diese Datei nutzen zu können, müssen Sie sie auf Ihrer lokalen Festplatte abspeichern. Dazu klicken Sie mit der rechten Maustaste auf die Datei, wählen aus dem sich öffnenden Kontextmenü **Anlage speichern** (siehe Abbildung 5.67) und legen die Datei mit einer entsprechenden Bezeichnung im Dateinamen auf Ihrer lokalen Festplatte ab. Mit »entsprechender Bezeichnung« meine ich zum Beispiel **XFD_10004711**, also die Personalnummer, mit der Sie die Vorschau erstellt haben. Wenn Sie mehrere Vorschaudateien erstellt haben, ist diese eindeutige Bezeichnung hilfreich.

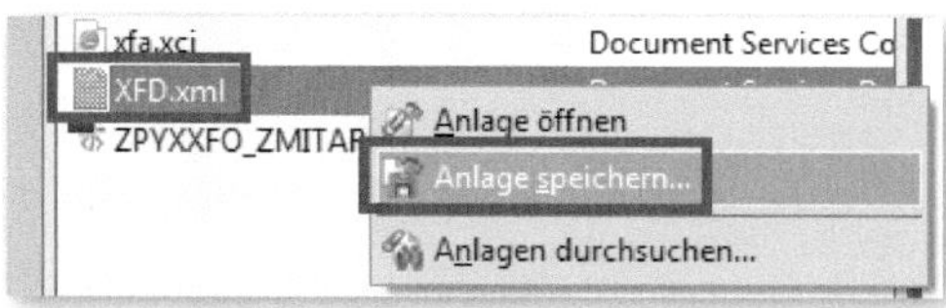

Abbildung 5.67: Anlage speichern

Es empfiehlt sich, einen Ordner anzulegen, den Sie in Ihrem Projekt immer dann verwenden, wenn Sie Dateien zu Ihrem Formular abspeichern wollen. Vorschaudateien und Datensicherungen gehören in diesen Ordner hinein.

Verlassen Sie jetzt die Druckvorschau und gehen Sie mit Ihrem Formular wieder in den Formulareditor. In der Bearbeitungsleiste des Editors im Feld BEARBEITEN (siehe Abbildung 5.68) öffnen Sie per Mausklick das Kontextmenü und wählen die FORMULAREIGENSCHAFTEN.

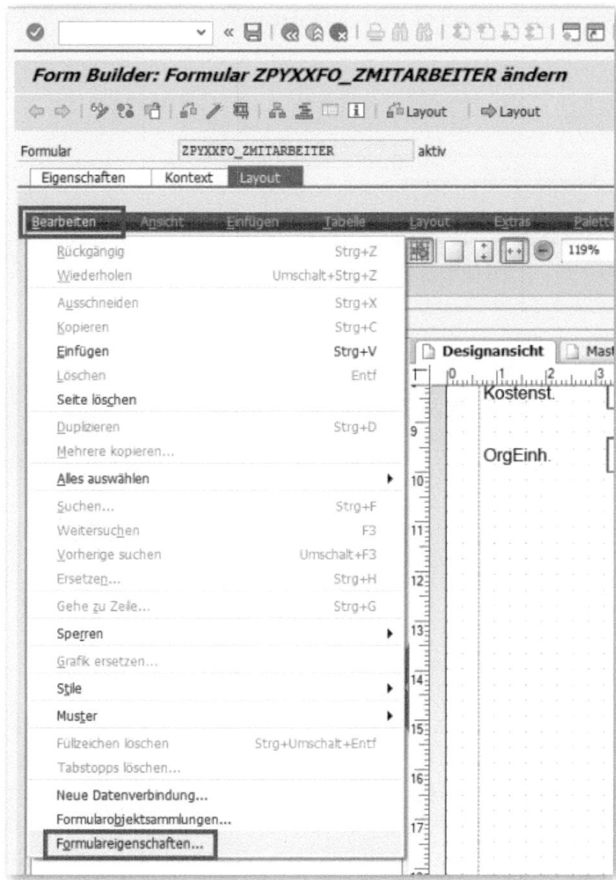

Abbildung 5.68: Editor – Formulareigenschaften

Auf der linken Seite bietet Ihnen diese Ansicht eine Auswahl der verschiedenen Eigenschaften, die man bearbeiten kann (Abbildung 5.69). Das Auswahlfeld VORSCHAU ist genau das, was Sie brauchen. Klicken Sie im Auswahlfeld für DATENDATEI auf das kleine Ordnersymbol.

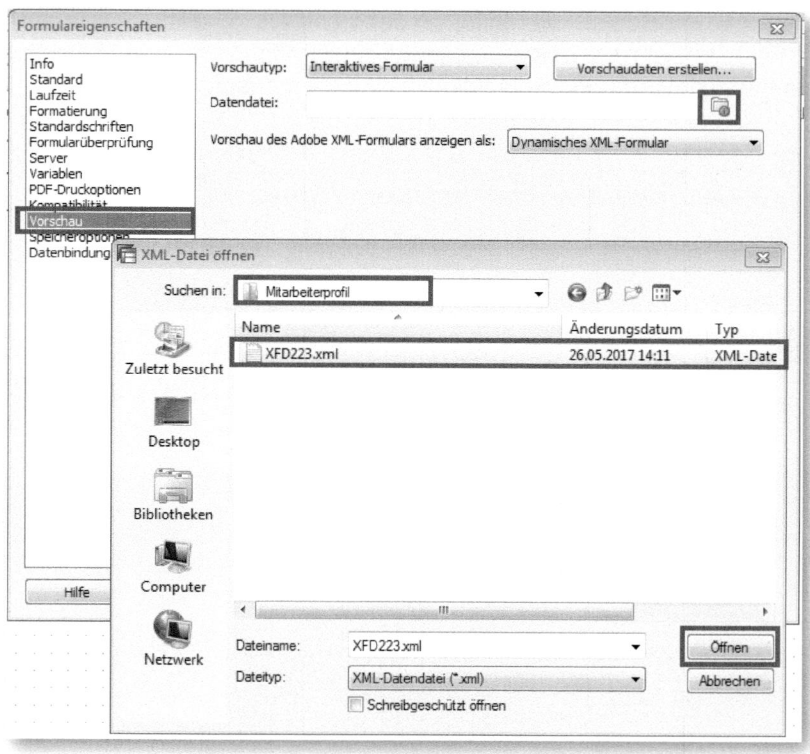

Abbildung 5.69: Übersicht der Formulareigenschaften

Es wird Ihr lokales Verzeichnis angezeigt. Haben Sie Ihre Vorschaudatei in einen Ordner MITARBEITERPROFIL abgelegt und im Dateinamen die Personalnummer Ihrer Testperson eingetragen? Dann haben Sie die Datei ja schnell gefunden und können sie in die Auswahl übernehmen. Ein Klick auf ÖFFNEN schließt die Verknüpfung der Vorschaudatei mit Ihrem Formular ab.

War eigentlich ja doch ganz einfach, oder?

5.8 Vorschaudatei anwenden

Sie haben Ihre Vorschaudatei erfolgreich mit Ihrem Formulareditor verknüpft und können nun endlich auf den Reiter PDF-Vorschau klicken. Haben Sie die Übungsaufgabe aus Abschnitt 5.7 durchgeführt und nach der Arbeit das Formular gesichert sowie aktiviert, sollten Sie nun die in Abbildung 5.70 gezeigte Ansicht erhalten.

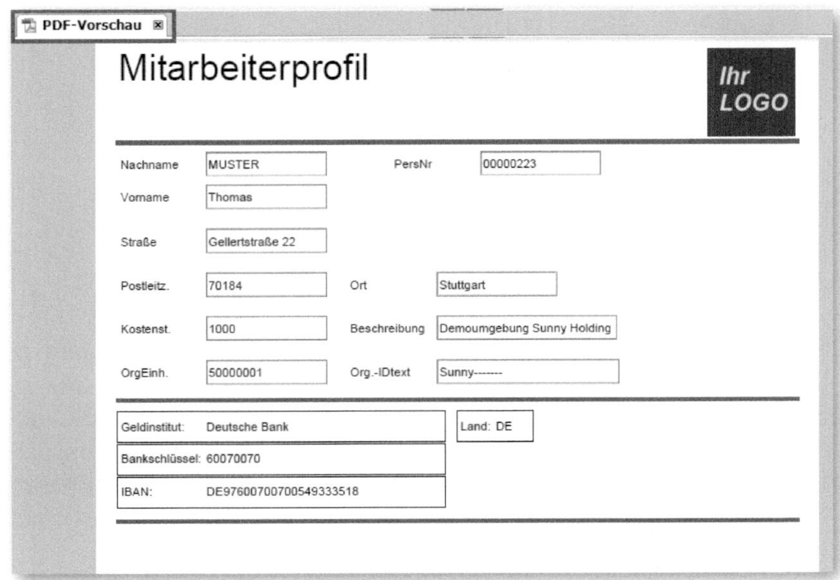

Abbildung 5.70: PDF-Vorschau Mitarbeiterprofil

Sie können jetzt, da die Datenfelder mit Werten gefüllt sind, Korrekturen an der Feldgröße oder anderen Attributen vornehmen, bis die Ansicht Ihren Vorstellungen entspricht. Der Fortschritt im Projekt »Mitarbeiterprofil« ist nun deutlich sichtbar. Es fehlt nur noch die Tabelle, die uns die Datumsangaben des Mitarbeiters anzeigen soll. Doch vorher werden wir uns noch einem wichtigen Thema zuwenden: der Formularsicherung. Sie ist, besonders bei komplexen Formularen, äußerst sinnvoll, da wir hier die Chance haben, immer wieder auf eine funktionierende Version unseres Formulars zurückgreifen zu können.

5.9 Sicherungsdatei anlegen

Die Arbeit an einem Punkt zu sichern, an dem alles funktioniert, wie es soll, ergibt immer Sinn. Besonders dann, wenn man etwas Neues ausprobieren möchte und man nicht sicher ist, ob es funktioniert. Das ist nicht nur für Anfänger ein wichtiger Vorgang; auch die Profis sollten die Sicherung nicht vernachlässigen. Es gibt folgende Sicherungsfunktionen für das Formular:

- Einfache Sicherung im Layout-Editor,
- Komplettsicherung im Layout-Editor,
- Komplettsicherung im Kontext-Bereich,
- Formularkopie.

Die einfache Sicherung führen Sie immer dann durch, wenn Sie im Formulareditor auf SICHERN klicken.

Die nächste Möglichkeit ist eine Komplettsicherung des Formulars im Layout-Editor. Auch in der Editoren-Menüleiste finden Sie, wie im Form Builder, den Punkt HILFSMITTEL. Im Kontext klicken Sie auf HOCH-/HERUNTERLADEN (siehe Abbildung 5.71). Mittels der Funktion FORMULAR HERUNTERLADEN sichern Sie das Formular auf Ihrer lokalen Festplatte, von der Sie im »Notfall« das Formular mit der gleichen Funktion natürlich auch wieder hochladen können.

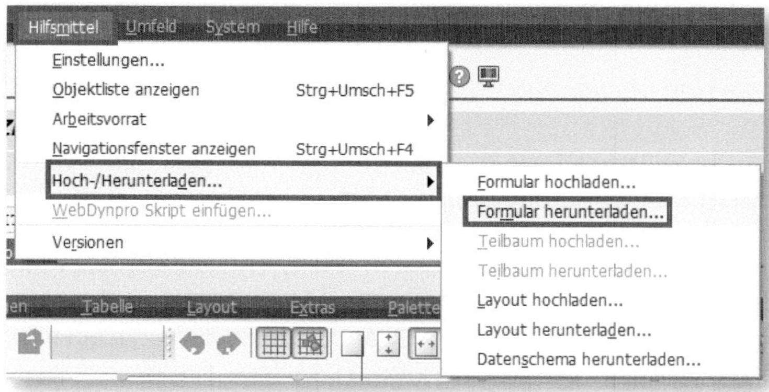

Abbildung 5.71: Formular sichern

Ablage Sicherungsdatei

Beachten Sie unbedingt, dass Sie den Namen der Sicherungsdatei **nie** ändern dürfen. Würden Sie dies tun, wäre das System nicht in der Lage, die Sicherung dem Formular zuzuordnen. Wenn Sie den Stand Ihrer Sicherungsdatei dokumentieren wollen, legen Sie in Ihrer Ablage einen neuen Ordner an, über dessen Bezeichnung Sie den Stand der Sicherung dokumentieren (z. B. Ordnerbezeichnung:
Mitarbeiterprofil_Stand 01.06.2017_09:00Uhr).

Das Gleiche gilt, wenn Sie die Sicherung im Kontextbereich (Abbildung 5.72) durchführen.

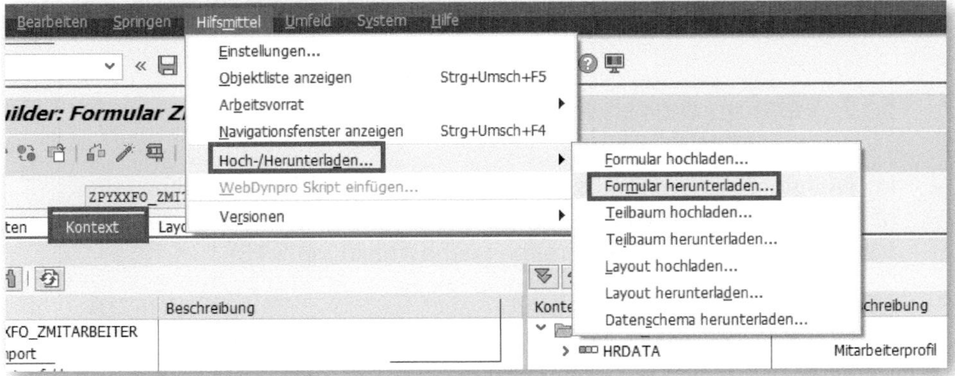

Abbildung 5.72: Sicherung im Kontextbereich

Arbeiten Sie in jedem Formularprojekt immer nach der Devise: »Sichern ist gut, öfter sichern ist besser.«

Datensicherung

Änderungen am Formularkontext, die in der weiteren Bearbeitung durchgeführt wurden und zu einem Fehler geführt haben, werden durch das Hochladen einer Sicherungsdatei überschrieben. Es sind unbedingt Datenbindungen im Formular zurückzunehmen, die nach der Datensicherung zu einem Fehler geführt haben. Sollten Sie die Datenbindungen nicht herausnehmen, wird es zu einer Fehlermeldung kommen, da zwar durch das Hochladen der Datensicherung der Formularkontext wiederhergestellt wird, aber nicht automatisch im Formular selbst die Bindungen zu den fehlerhaften Objekten des Formularkontextes gelöscht werden. Diese Fehlermeldung führt dazu, dass Sie das Formular nicht mehr im Editor öffnen können.

5.10 Versionsverwaltung

Im Notfall, d. h., wenn Sie es gar nicht mehr schaffen sollten, das nicht mehr funktionierende Formular zu öffnen, können Sie auf die *Versionsverwaltung* zurückgreifen (siehe Abbildung 5.73).

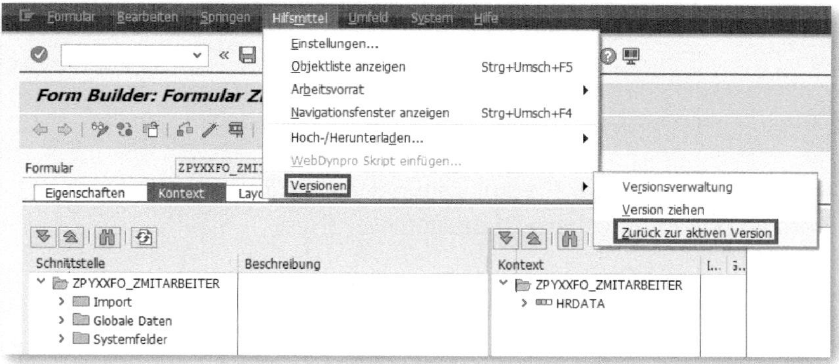

Abbildung 5.73: Versionsverwaltung

Es ist normalerweise immer eine aktive Version vorhanden. Diese ist die vom System als letzte aktive Version zwischengespeicherte Fassung des Formulars. Je nach Bearbeitungsstand kann es durchaus sein, dass sehr viel von Ihrer Arbeit verloren gegangen ist. Zumindest haben Sie sich eine aktive Version gerettet, mit der Sie weiterarbeiten können, statt ganz von vorn anfangen zu müssen. Gerade bei komplexen Formularen wie dem Entgeltnachweis kann die Versionsverwaltung die Rettung bedeuten. Wenn an einem Formular sehr viel herumexperimentiert wurde, können auch Formularversionen aktiviert werden, die vor der letzten aktiven Version in der Versionsverwaltung abgelegt wurden (Abbildung 5.74).

Versionen des Objekts ZPYXXFO_ZMITARBEITER vom Typ Formularobjekt - Fo

Zurückholen   Auftragstext ein/aus   REMOTE-Vergleich

```
Versionen: Formularobjekt - Formular ZPYXXFO_ZMITARBEITER

Version Art Knz SAP Rel. Arch Auftrag    Projekt    Datum       Zeit     Autor

Version(en) in der Entwicklungsdatenbank:

 modif          740        KW1K905096            02.07.2017 16:37:37 WKANNGIESSER
 aktiv          740        KW1K905096            26.06.2017 10:24:35 WKANNGIESSER

Es sind keine Versionen in der Versionsdatenbank.
```

Abbildung 5.74: Übersicht Formularversionen

Ein Klick auf die gewünschte Version öffnet diese für die weitere Bearbeitung. An dieser Stelle wünsche ich Ihnen allerdings sehr, dass Sie auf diese Funktion nie zurückgreifen müssen.

5.11 Tabelle im Formular einfügen

Eine Tabelle wird dann in einem Formular angelegt, wenn man aus einem InfoStar mehrere Datensätze anzeigen möchte. Sie haben schon bei der Funktion DRUCKPROGRAMM (TEST) (vgl. Abbildung 5.47) gesehen, dass durchaus mehrere Datensätze von der Schnittstelle geliefert werden können. Meist will man nur den Wert des aktuellsten

Datensatzes anzeigen. Doch Ihnen fehlt im Projekt »Mitarbeiterprofil« ja noch die Anzeige der Datumsarten, die für den Mitarbeiter im System hinterlegt sind. Hierfür wollen wir alle Datensätze aufrufen und legen daher nachfolgend eine Tabelle an.

In der Menüleiste des Editors finden Sie den Eintrag TABELLE (Abb. Abbildung 5.75). Klicken Sie darauf und dann im Kontextmenü auf TABELLE EINFÜGEN.

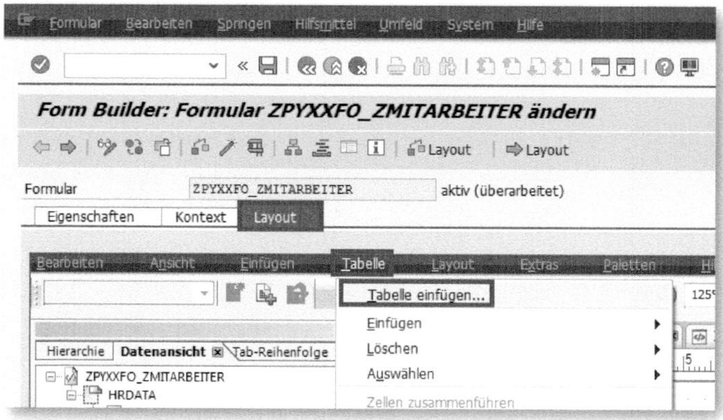

Abbildung 5.75: Tabelle einfügen

Die Datenstruktur zu den Datumsarten haben Sie schon mit dem STAR_ITY_DATE_SPEC im Kontext hinterlegt. Sie möchten folgende Daten pro Datensatz anzeigen:

- Beginn des Datensatzes,
- Ende des Datensatzes,
- Datumsart-ID,
- Datumsart-Bezeichnung,
- Datumswert.

Sie benötigen in der Tabelle neben der Kopfzeile und der Ausgabezeile fünf Spalten, in denen Sie die Bezeichnungen zur Kopfzeile und die Werte zur Ausgabezeile anzeigen können. Nachdem Sie auf TABELLE EINFÜGEN geklickt haben, öffnet sich ein Auswahlmenü, in dem Sie die Anzahl der Spalten vorgeben können (Abbildung 5.76).

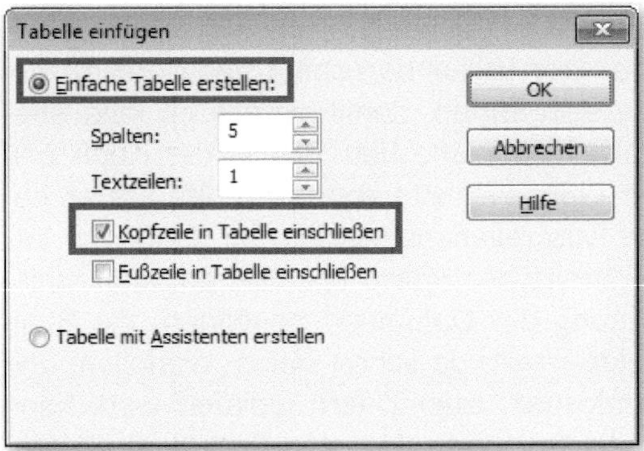

Abbildung 5.76: Tabelle einrichten

Je nachdem, ob Sie eine Kopf- oder Fußzeile einrichten wollen, setzen Sie den Haken auf die entsprechende Auswahl. Im Mitarbeiterprofil möchten Sie bestimmt eine Kopfzeile einrichten. Der Haken muss dann bei **Kopfzeile in Tabelle einschließen** gesetzt sein. Bei den Textzeilen benötigen Sie nur eine Zeile. Bei den Objekteigenschaften der Tabelle werden Sie gleich noch einrichten, dass sich die Textzeile mit jedem verfügbaren Datensatz wiederholen soll (siehe Abbildung 5.81). Nun einfach auf OK klicken, und die Tabelle wird im Formulareditor eingefügt (siehe Abbildung 5.77).

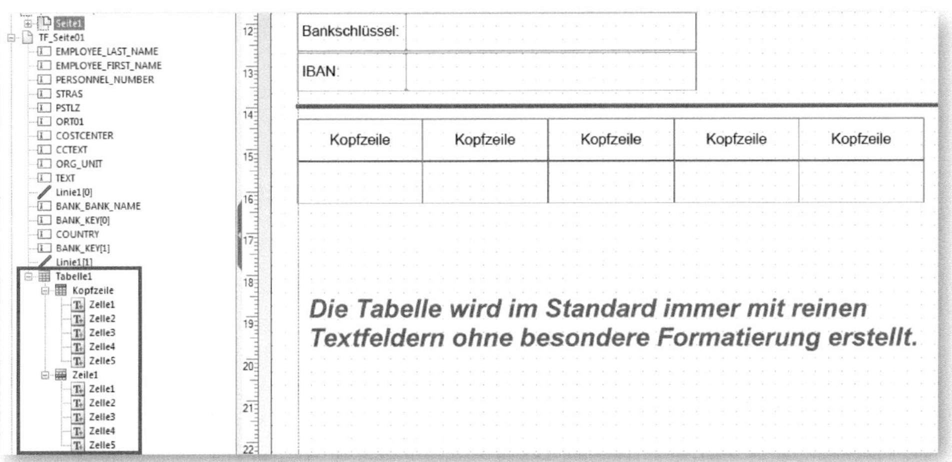

Abbildung 5.77: Tabelle im Formulareditor

Nach dem Einfügen der Tabelle erkennen Sie, dass diese im Standardformat eingefügt wurde. Der Editor berechnet nach der Anzahl der Spalten, wie breit diese sein dürfen, damit sie alle im Inhaltsbereich Platz haben. Die Breite, Höhe und den Text in der Kopf- und Textzeile können Sie in der Objekt-Palette anpassen. Als Erstes benennen Sie die Inhalte der Kopfzeilenspalten. An der Textlänge der Einträge kann man gut die Breite der Spalte abschätzen. Den meisten Platz wird die Bezeichnung der Datumsart benötigen, die Spaltenbreite bei den Datumsfeldern wird da schon kleiner ausfallen, und für die Datumsart-ID, die mit max. zwei Ziffern geliefert wird, kann man von der kleinsten Breite ausgehen. Um den Text in die Felder der Kopfzeile einzupassen, klicken Sie in die vorgegebene Bezeichnung **Kopfzeile** und geben den gewünschten Text ein (siehe Abbildung 5.78). Nicht vergessen, die Objekte in der Objekthierarchie mit einer eindeutigen Bezeichnung zu versehen (vgl. Abschnitt 5.2).

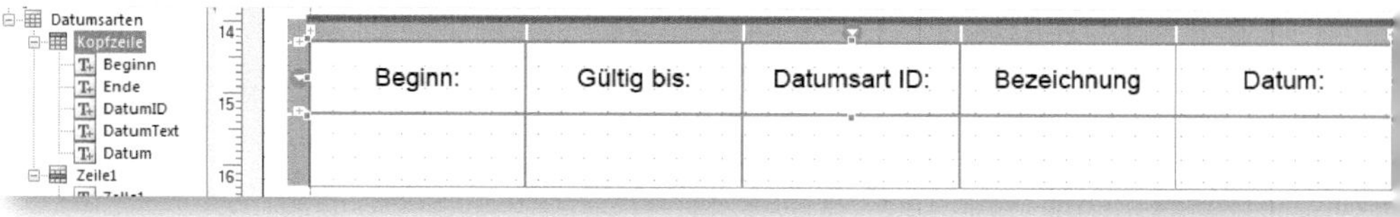

Abbildung 5.78: Bearbeitung Kopfzeile

Das Ergebnis wollen Sie bestimmt etwas »aufhübschen« und anpassen. Hier ein kleiner Bearbeitungstipp: Felder des gleichen Objekttyps innerhalb eines Layoutobjektes (hier die Kopfzeile) kann man in der Hierarchie mit gedrückter `Strg`-Taste markieren und gemeinsam bearbeiten. Als Beispiel dient Abbildung 5.79, in der für alle Textfelder der Kopfzeile dieselbe Höhe (**0,5 cm**) und Ausrichtung (linksbündig, mittig) eingestellt wurde.

Diese gemeinsame Bearbeitung können Sie auch für die Felder der Textzeile vornehmen, bevor Sie die Datenbindungen an die Felder eintragen. Sie haben drei Datumsfelder und zwei Textfelder. Die Textfelder sind mit 1,0 cm ziemlich groß; sie sollten die gleiche Größe wie die Felder der Kopfzeile haben. Es bietet sich an, die Datenbindung wie in Abschnitt 5.6 vorzunehmen.

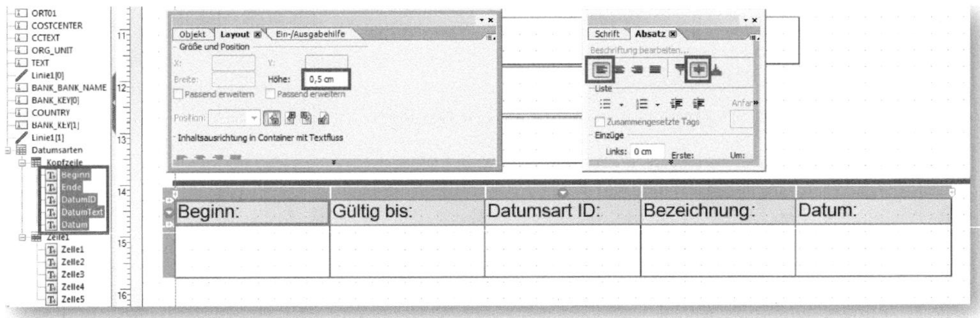

Abbildung 5.79: Objektbearbeitung

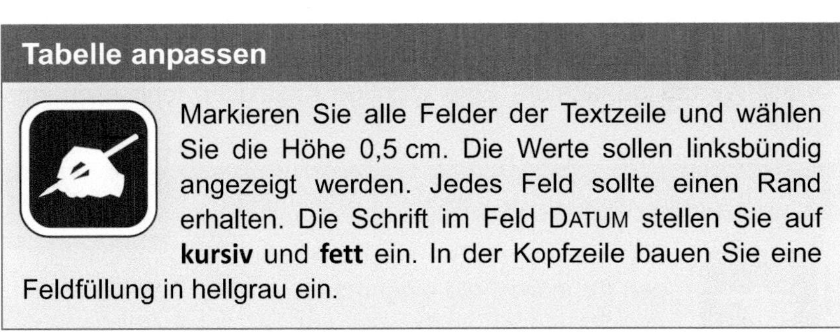

Tabelle anpassen

Markieren Sie alle Felder der Textzeile und wählen Sie die Höhe 0,5 cm. Die Werte sollen linksbündig angezeigt werden. Jedes Feld sollte einen Rand erhalten. Die Schrift im Feld DATUM stellen Sie auf **kursiv** und **fett** ein. In der Kopfzeile bauen Sie eine Feldfüllung in hellgrau ein.

Ihre Tabelle sollte nun wie in Abbildung 5.80 aussehen.

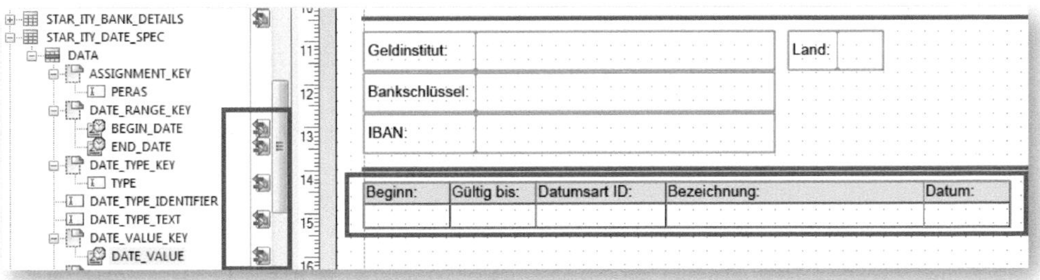

Abbildung 5.80: Tabelle im Formular

Die Datenbindungen gehen auf die Datenfelder:

- BEGIN_DATE,
- END_DATE,
- DATE_TYPE_KEY-TYPE,
- DATE_TYPE_TEX,
- DATE_VALUE_KEY-DATE_VALUE.

Die Kopfzeile ist 0,5 cm hoch, die Schrift ist linksbündig und mittig eingestellt. Die Felder der Kopfzeile sind mit einem Hellgrau ausgefüllt (Einstellung vgl. Abbildung 4.22). Die Felder der Textzeile sind ebenfalls 0,5 cm hoch, und die Datenbindungen sehen auch gut aus. Jetzt könnten Sie eigentlich mithilfe des Druckprogramms das Ergebnis mit Werten betrachten. Eine wichtige Kleinigkeit fehlt allerdings noch.

Tabellenzeilen einrichten

Bis jetzt haben Sie in der Tabelle die Datenbindungen für jedes Feld eingerichtet. In einer Tabelle müssen Sie jedoch noch zwingend bei der Feldzeile hinterlegen, dass sie sich so lange wiederholen muss, wie Datensätze vorhanden sind. Diese Einstellung wird in der Palette OBJEKT im Reiter BINDUNG für das Objekt **Zeile1** vorgenommen. Diese Einstellung darf nicht an den Objekten **Tabelle** oder **Kopfzeile** (vgl. Abbildung 5.77) erfolgen, da dies zu einer kompletten Wiederholung von Kopf- und Fußzeile führen würde.

Die Wiederholen-Einstellung müssen Sie noch am Objekt **Zeile1** durchführen, wie in Abbildung 5.81 zu sehen.

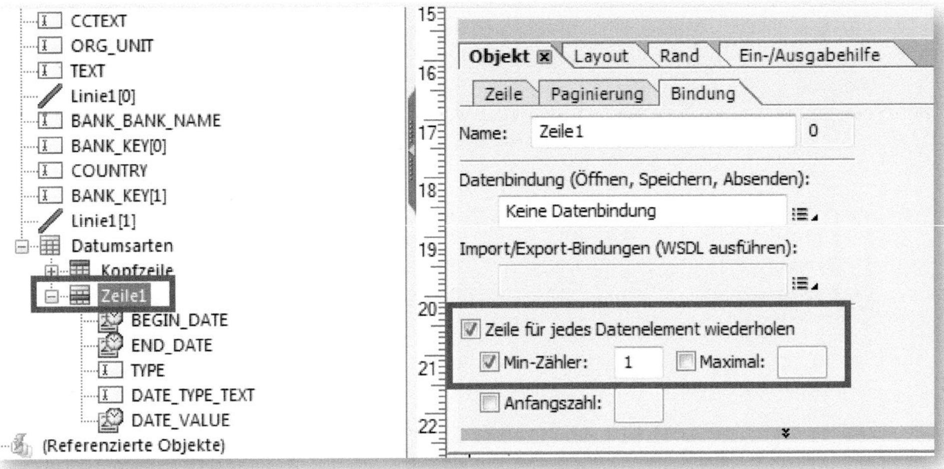

Abbildung 5.81: Wiederholungszeichen setzen

Setzen Sie außerdem einen Haken in der Auswahl MIN-ZÄHLER mit dem Wert **1**; das bewirkt, dass die Kopfzeile und eine leere Feldzeile angezeigt werden, wenn keine Datensätze vorhanden sind.

Sie haben die Anpassung gespeichert, das Formular im Kontextbereich aktiviert und können nun das Druckprogramm für das Formular starten. Vorher schauen Sie sich zur Sicherheit doch einmal die Testperson in der Transaktion **PA30 – Stammdaten bearbeiten** genauer an. Wählen Sie den Infotyp **41 – Datumsangaben** und ergänzen Sie für Ihre Testperson einfach ein paar Datumsarten. Ich habe das mit meiner Testperson für sechs Datumsarten gemacht. Abbildung 5.82 zeigt das Ergebnis. Es sollten im Formular genau diese sechs Datumsarten gelistet werden.

Personalnr	223	Name	MUSTER Thomas		
Beschäftigun	3 aktiv	PersBer.	0200 Industrial-HR		
MitarbKreis	01 Geschäftsleitung	Kostenstelle	1000 Sunny Holding AG		
Gültig	01.01.2012	bis	31.12.9999	Änd. 30.05.2017	WKANNGIESSER

Datumsangaben

Datumsart		Datum	Datumsart		Datum
01	techn. Eintrittsdat.	01.01.2012	03	Eintr. Pensionskasse	01.02.2013
12	Ersteintritt (EU)	01.01.2012	15	Beschäftigungszeit	01.06.1999
40	Erster Arbeitstag	01.01.2012	50	Eintritt Dienstjahr	01.06.1999

Abbildung 5.82: Einträge im Infotyp 0041 (Datumsangaben)

Nun starten Sie das *Druckprogramm* und führen es mit Ihrer Testperson aus. In Ihrem Formular erscheinen daraufhin (hoffentlich) die gewünschten Einträge und werden in der Tabelle angezeigt.

IBAN: DE97600700700549333518

Beginn:	Gültig bis:	Datumsart ID:	Bezeichnung:	Datum:
01.01.2012	31.12.9999	01	techn. Eintrittsdat.	***01.01.2012***
01.01.2012	31.12.9999	03	Eintr. Pensionskasse	***01.02.2013***
01.01.2012	31.12.9999	12	Ersteintritt (EU)	***01.01.2012***
01.01.2012	31.12.9999	15	Beschäftigungszeit	***01.06.1999***
01.01.2012	31.12.9999	40	Erster Arbeitstag	***01.01.2012***
01.01.2012	31.12.9999	50	Eintritt Dienstjahr	***01.06.1999***

Fett
Kursiv

Abbildung 5.83: Tabelle »Datumsarten«

Wenn Ihr Formular genauso aussieht wie in Abbildung 5.83, dann haben Sie alles richtig gemacht und auch die Übungsaufgaben gut gemeistert: Es sind sechs Tabelleneinträge vorhanden. Die Kopfleiste ist mit einer hellgrauen Füllung ausgestattet, und die Datumsangabe im Feld DATUM ist mit den Schriftattributen »fett« und »kursiv« versehen.

5.11.1 Tabelle bearbeiten im Layout

Die Tabelle soll nicht nur die richtigen Informationen liefern, sie soll auch gut aussehen. Speziell für Tabellen gibt es eine Funktion, mit der Sie das Erscheinungsbild verbessern können. Gehen Sie in die Hierarchie und markieren Sie das Objekt DATUMSARTEN (siehe Abbildung 5.84).

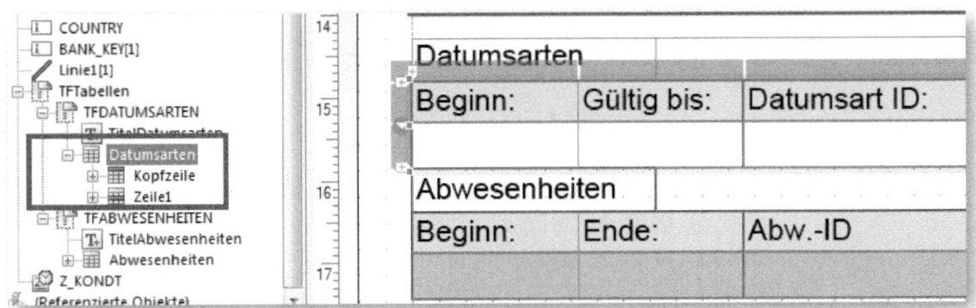

Abbildung 5.84: Tabelle markieren

Vielleicht kennen Sie noch das Endlosdruckerpapier, mit dem früher ewig lange Listen gedruckt wurden. Auf diesem Papier waren die Zeilen im Hintergrund abwechselnd weiß/grau oder weiß/grün aufgedruckt. Diese Funktionalität gibt es auch im *LiveCycle Designer*. Der Reiter ZEILENSCHATTIERUNG ist in der Palette OBJEKT sichtbar, sobald Sie eine Tabelle markieren. Dort ein Haken in ABWECHSELNDE ZEILENSCHATTIERUNG gesetzt, und schon können Sie den Zeilen Farben mitgeben (siehe Abbildung 5.85).

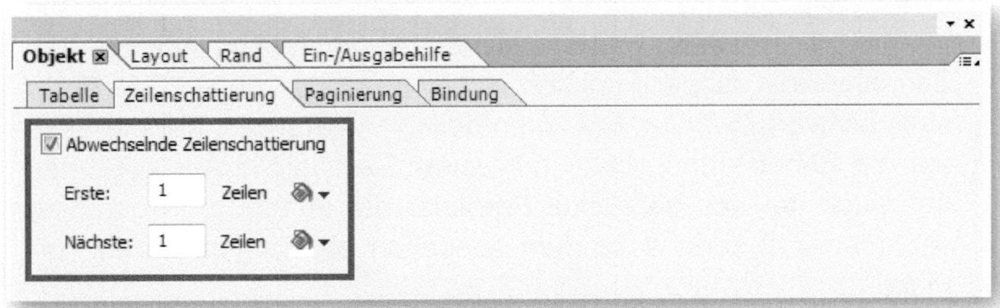

Abbildung 5.85: Zeilenschattierung in Tabelle

Im Wechsel werden die erzeugten Zeilen farbig hinterlegt. Um die Farben einzustellen, klicken Sie einfach auf das Symbol und suchen Sie über die Farbpalette die gewünschte Farbe aus (Abbildung 5.86).

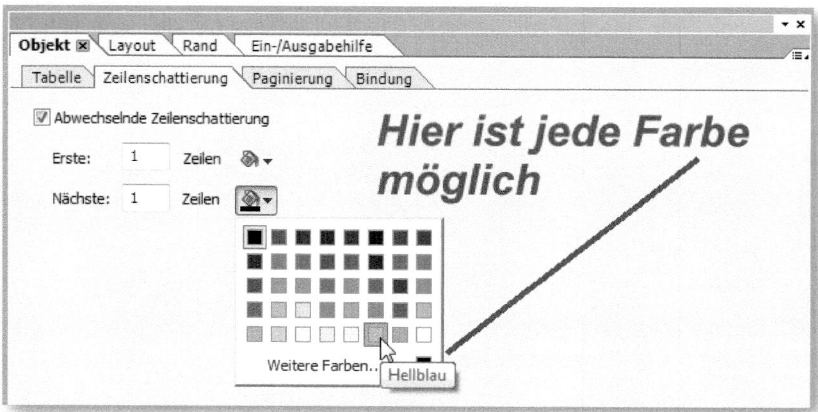

Abbildung 5.86: Farbpalette für Hintergrund

Farben als Hintergrund

Wenn Sie in Tabellenfeldern einen farbigen Hintergrund auswählen, achten Sie auf das Verhältnis zwischen der Schriftfarbe und der Farbe des Hintergrunds. Gerade bei wechselndem Hintergrund ist ein dunkler Farbton nicht zu empfehlen, da Sie die Schriftfarbe in dieser Funktion nicht anpassen können, sie bleibt stets schwarz. Wählen Sie einen hellen Hintergrund, der die Sicht auf die Schrift ermöglicht, und testen Sie, welche Auswirkungen das auch auf das gedruckte Formular hat. Achtung: In der Bildschirmansicht kann es anders aussehen als im gedruckten Formular.

Das Ergebnis könnte beispielsweise wie in Abbildung 5.87 aussehen:

Datumsarten

Beginn:	Gültig bis:	Datumsart ID:	Bezeichnung:	Datum:
01.01.2015	31.12.9999	01	techn. Eintrittsdat.	***01.01.2012***
01.01.2015	31.12.9999	03	Eintr. Pensionskasse	***01.01.2012***
01.01.2015	31.12.9999	12	Ersteintritt (EU)	***01.01.1999***
01.01.2015	31.12.9999	50	Eintritt Dienstjahr	***01.01.2000***

Abwesenheiten

Beginn:	Ende:	Abw.-ID	Abwesenheitsart	Kontingent	Verbraucht	Rest
01.01.2012	31.12.2012	10	Tarifurlaub	30	0	30
01.01.2015	31.12.2015	10	Tarifurlaub	30	12	18
01.01.2016	31.12.2017	10	Tarifurlaub	30	0	30

Abbildung 5.87: Tabelle mit Schattierungen

Sie sehen: Im Formulareditor stecken viele Möglichkeiten der Layout-Gestaltung.

6 Erweiterungen im Formular

In diesem Kapitel möchte ich Ihnen aufbauend auf das Formular, das Sie bereits erfolgreich erstellt haben, noch zusätzliche Vorgehensweisen in Bezug auf die Layout-Gestaltung und Wertebearbeitung aufzeigen, die Sie mit Sicherheit später gut verwenden können.

Wenn ein Formular angefertigt werden soll, geht das oft mit Anforderungen einher, die zum Teil im Formular selbst oder in der Datenauswahl umgesetzt bzw. eingerichtet werden müssen. In Bezug auf die Gestaltung der Formularausgabe ist der »Phantasie« der Kollegen, die diese Anforderungen stellen, meist keine Grenze gesetzt. Zwar ist nicht jeder dieser Wünsche technisch umsetzbar, aber je mehr Sie über die Formulargestaltung wissen, umso eher können Sie sie erfüllen. Ich werde diese Anforderungen in den nächsten Abschnitten beschreiben und sie im Formular »Mitarbeiterprofil« umsetzen. Sie können diese Anforderungen gern parallel in Ihrem Formular nachvollziehen, das ist eine gute Übung.

6.1 Ein Formular mit zwei Logos

Eine Anforderung, die sehr häufig vorkommt, ist die Anzeige von verschiedenen Firmenlogos, etwa, wenn die Personaldaten mehrerer Firmen einer Firmengruppe auf einem System administriert werden. Nehmen wir einmal an, der Mitarbeiter Thomas Muster ist im Personalbereich **0200** (siehe Abbildung 6.1) und der Mitarbeiter Martin Muster im Personalbereich 1000. Diese Angaben finden Sie bei jedem Mitarbeiter im SAP HCM im **Infotyp 0001 – Organisatorische Zuordnung**. Der Personalbereich repräsentiert hier eine selbst bilanzierende Tochtergesellschaft eines Unternehmens und führt auch ein eigenes Logo.

Personalnr	223	Name	MUSTER Thomas
Beschäftigun	3 aktiv	PersBer.	0200 Industrial-HR
MitarbKreis	01 Geschäftsleitung	Kostenstelle	1000 Sunny Holding AG
Auswahl	01.01.1800	bis	31.12.9999

Beginn	BuKr	PBer	MA...	MAKrs	Kostenstelle	Kostenstel...	OrgEinheit	OrgEinheit (Text)
01.01.2015	1000	0200	1	01	1000	Sunny Holdi...	Sunny-------	Sunny Holding AG
01.01.2012	1000	0200	1	01				

Abbildung 6.1: Personalbereich im IT 0001

Die Anforderung an das Formular wäre jetzt, dass beim Aufruf der Daten von Thomas Muster das Logo des Personalbereichs 0200 und beim Aufruf der Daten von Martin Muster das Logo des Personalbereichs 1000 angezeigt wird. Die einfachste Lösung wäre, das vorhandene Formular zu kopieren und mit neuem Namen und Logo zu versehen. Das könnte klappen, aber bedenken Sie, dass Sie dann bei jeder Änderung die Arbeiten an beiden Formularen durchführen müssten. Das wäre nicht zielführend. Also lassen wir uns etwas einfallen. Sie haben ein Logo im Formular »Mitarbeiterprofil« hochgeladen und in das Formular eingebettet (siehe Abschnitt 5.2.1.). Wir wollen aber mit zwei Logos in einem Formular arbeiten. Der Parameter, an dem Sie unterscheiden können, ist der Personalbereich. Grob formuliert wäre die Aufgabe so zu beschreiben:

- Ist der Personalbereich 0200, dann zeige das Logo für 0200,
- ist der Personalbereich 1000, dann zeige das Logo für 1000.

Testdaten

Das angeführte Beispiel mit den angegebenen Werten existiert natürlich nicht so auf Ihrem System. Da Sie sich auf dem Entwicklungssystem bewegen, können Sie sich aber Mitarbeiterdaten anlegen, anhand derer Sie diese Bedingungen nachstellen können. Die Beispiele für das Scripting müssen Sie natürlich an die Werte Ihrer Testpersonen anpassen. Achten Sie immer auf korrekte Schreibweise der Parameter, dann klappen die Einstellungen und Scriptings auch in Ihrem Formular.

Die Umsetzung wollen Sie im Formular vornehmen, also muss der Parameter »Personalbereich« im Formular erscheinen. Der Wert dieses Feldes soll allerdings nicht angezeigt werden. Daher muss das Feld unsichtbar sein. Das können Sie problemlos in der OBJEKT-PALETTE unter OBJEKT umsetzen (vgl. Abbildung 4.19: PRÄSENZ einrichten). Als Erstes richten Sie das Feld für den Personalbereich in Ihrem Formular ein. Das Logo hatten Sie in den Bereich *Masterseiten* gesetzt. Ziehen Sie das Feld PERS_AREA aus dem InfoStar STAR_ITY_PERS_STRUC einfach per *Drag & Drop* irgendwo im Bereich MASTERSEITEN in die Nähe des Logos und lassen Sie es dort fallen (siehe Abbildung 6.2). Da Sie dieses Feld später sowieso unsichtbar machen werden, spielen dessen Position und Gestaltung keine Rolle.

Abbildung 6.2: Feld »Personalbereich« einfügen

Die Datenbindung ist beim Herüberziehen mittels *Drag & Drop* mitgenommen worden, also müssen Sie später nur noch die Eigenschaft »unsichtbar« in der Palette OBJEKT einrichten. Sie können nun mit Ihrer Vorschaudatei kontrollieren, ob das Feld mit dem entsprechenden Wert gefüllt wird. Einfach auf PDF-Ansicht klicken, und schon wird der erwartete Wert angezeigt. Hier erweist sich die Vorschaudatei als sehr praktisches Hilfsmittel. Sie brauchen für die Überprüfung den Editor nicht zu verlassen, da die Vorschaudatei alle Daten der Schnittstelle bereits in sich aufgenommen hat. Sobald ein Formularfeld mit der richtigen Bindung eingerichtet wurde, wird der Wert in der PDF-Vorschau angezeigt.

6.1.1 Zweites Logo einbauen

Für den Einbau des zweiten Logos in Ihr Formular verfahren Sie genauso. Alternativ können das Bildfeld des ersten Logos markieren und mit Strg + C und danach Strg + V (*Copy & Paste*) ein neues Bildobjekt in Ihrem Formular einrichten. Danach benennen Sie das neue Bildfeld mit z. B. »Logo1000« und nennen das kopierte in »Logo0200« um, damit Sie den Überblick behalten.

Copy & Paste von Objekten im Formular

Bei der Aktion *Copy & Paste* ist folgendes Vorgehen zu befolgen: Sie markieren das zu kopierende Objekt und betätigen die Tastenkombination Strg + C. Danach markieren Sie in der Hierarchieansicht das Objekt, das in der Hierarchie eine Stufe oberhalb des markierten Objektes steht, um sicherzustellen, dass nach der Tastenkombination Strg + V das einzusetzende Objekt im gleichen Bereich wie das kopierte Element erscheint. Wenn Sie nicht so vorgehen, kann es passieren, dass das Objekt in einem anderen als dem geplanten Bereich erscheint. Man kann dies aber jederzeit durch die »Zurücktaste« wieder korrigieren, falls das Objekt an einer nicht gewünschten Stelle erscheint.

Sie können nun das zweite Logo hochladen (siehe Abbildung 6.3) und vergessen natürlich nicht, den Haken bei BILDDATEN EINBETTEN zu setzen, siehe Abschnitt 5.2.1.

Abbildung 6.3: Zusätzliches Logo einrichten

Sie haben nun zwei Logos erfolgreich eingerichtet und deren Bezeichnungen umbenannt. Das Feld, in dem Sie den Parameterwert anzeigen wollen, ist auch eingerichtet. Das zweite Logo muss noch an die gleiche Position wie das erste gestellt und das Parameterfeld PERSONALBEREICH muss unsichtbar gemacht werden. Zudem fehlt uns noch die Funktion, wie man das eine Logo versteckt bzw. das andere anzeigt.

An dieser Stelle muss ich Sie in eine neue Welt entführen, die sich in der großen Funktionspalette des Adobe-Editors befindet: das sogenannte *Scripting*.

Scripting im Adobe LifeCycle Designer

Im Editor des LCD gibt es die Möglichkeit, innerhalb des Formulars mittels einfacher Scriptings (Programmierzeilen) Funktionen im Formular auszulösen. Die Scripting-Funktion ist in zwei verschiedenen Programmiersprachen verfügbar: *JavaScript* und *FormCalc*.

Diese Programmiersprachen haben eine recht einfach zu erlernende *Syntax* (Definition aller zulässigen Wörter/Programme, die in einer Sprache formuliert werden können). Die für ein Formular benötigten einfachen Funktionen sind nicht mit richtigem Programmieren zu vergleichen. Meist sind es Zweizeiler, die einen gewünschten Effekt auslösen. Diese bedienen sich immer der gleichen Logik: Ist im Feld A der Wert = xy, dann soll im Feld B etwas angezeigt oder ausgeblendet werden, oder es soll selber z. B. unsichtbar sein.

Für die Programmiersprachen JavaScript und FormCalc gibt es sehr viele Informationsquellen im Internet, die meist auch mit einem Beispiel-Script eine Lösung für eine Anforderung beisteuern können. In Kapitel 8 finden Sie die bekanntesten Web-Seiten mit Links.

Damit für unsere beiden im Formular eingebauten Logos der Einsatz eines Scripts direkt an diesen Objekten möglich ist, müssen wir noch ein paar Voraussetzungen schaffen. Zunächst müssen wir sie mit einem Teilformular umschließen. Dazu markieren Sie das entsprechende Feld einfach mit der Maustaste und wählen im Kontextmenü die Funktion UMSCHLIEẞEN MIT TEILFORMULAR (siehe Abbildung 6.4). Das Teilformular sollte anschließend umbenannt werden, da im Standard immer die Bezeichnung **unbekanntes Teilformular** erzeugt wird.

Scripting an Objekten

Ein Script an einem Objekt zu platzieren, ist nur dann möglich, wenn das Objekt entweder über eine Datenbindung verfügt oder von einem Teilformular umschlossen ist. Da ein Bildfeld keine klassische Datenbindung hat, sondern nur die URL des hochgeladenen Bildes an dieser Stelle hinterlegt ist, muss das Bildobjekt mit einem Teilformular umschlossen werden. Das gleiche Vorgehen wäre z. B. bei einem Feld mit reinem Text, wie dem Titel eines Formulars, einzusetzen. Wollte man dieses Feld in ein Scripting einbeziehen, müsste es von einem Teilformular umschlossen werden.

Abbildung 6.4: Teilformular einrichten

Das Teilformular benennen Sie am besten wie das Logo, das sich nun darin befindet, damit Sie es später im richtigen Zusammenhang mit dem gewünschten Logo bringen und jederzeit als Logoträger identifizieren können (siehe Abbildung 6.5).

Abbildung 6.5: Teilformular benennen

Wenn Sie diese Schritte durchgeführt haben, markieren Sie die Teilformulare und machen sie in der Palette OBJEKT »unsichtbar«. Im Formulareditor gibt es noch einen Script-Bereich, in dem man kleinere Scriptings erstellen kann, die sich auf einzelne Formularfelder beziehen und eine gezielte Änderung veranlassen. Als Voraussetzung müssen sogenannte *Ereignisse* (siehe Abbildung 6.8) eingestellt werden, ebenso muss die Programmiersprache ausgewählt sein. Für die hier vorgestellten Zweizeiler verwenden Sie bitte nur JavaScript und als Ereignisse FORM:READY und DOCREADY.

JavaScript-Ereignisse

FORM:READY wird beim Öffnen des Formulars ausgeführt. Das Formular ist bereits mit Daten gefüllt. Dieses Ereignis wendet man nur für Felder an, die sich in der Designsicht befinden. DOCREADY wird gestartet, wenn das Dokument eigentlich schon fertig ist, und führt erst dann die gewünschte Änderung durch.

Es gibt zu JavaScript und FormCalc in Bezug auf den Einsatz verschiedener Ereignisse noch sehr viele Möglichkeiten. Diese alle aufzuzeigen, würde den Rahmen dieses Buches sprengen. Machen Sie es wie ich als Nichtprogrammierer, der sich *Script-Schnipsel* erarbeitet hat und diese immer wieder in angepasster Form einsetzen kann. Wer nicht so viel ausprobieren möchte, kann sich detaillierter im Buch *»Adobe LiveCycle Designer ES2 und SAP Interactive Forms – Scripting für Nicht-Programmierer«* (mitp-Verlag) meines Autorenkollegen *Ulrich Bähr* informieren.

Fassen wir noch einmal zusammen: Sie haben jetzt ein Feld mit dem Parameter PERSONALBEREICH in das Formular eingebaut und in der Palette OBJEKT die PRÄSENZ **unsichtbar** gewählt. Sie haben ein zweites Logo hinzugefügt und beide Logos jeweils mit einem *Teilformular* umschlossen. Diese Teilformulare haben Sie umbenannt und wiederum in der Palette OBJEKT die PRÄSENZ auf **unsichtbar** (siehe Abbildung 6.6) eingestellt.

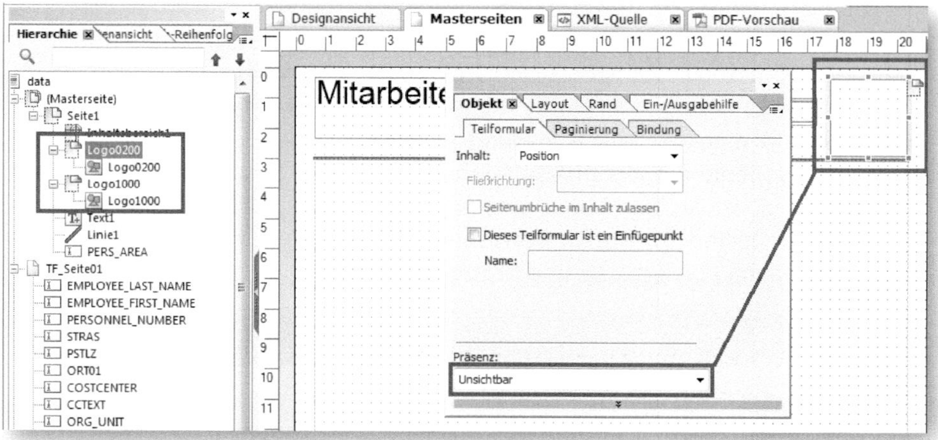

Abbildung 6.6: Präsenz der Objekte »Logo«

So sollte Ihr Formular nun aussehen. Das Feld ist zwar da, aber der Inhalt ist nicht sichtbar. Die Präsenz des Parameterfeldes PERSONALBEREICH kann man auch zu Überprüfungszwecken erst einmal auf SICHTBAR lassen, um zu sehen, ob das Scripting bei entsprechendem Wert richtig reagiert.

Nun fehlt nur noch das *Scripting*.

6.1.2 Scripting im Formular

Der Bereich des Scriptings wird über die Palette SCRIPT-EDITOR aufgerufen (siehe Abbildung 6.7).

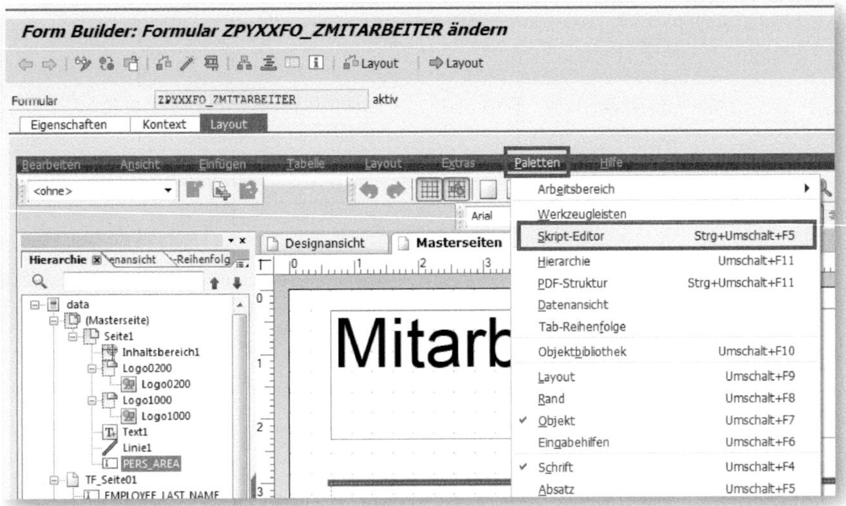

Abbildung 6.7: Aufruf Script-Editor

Wird der SCRIPT-EDITOR angeklickt, erscheint unterhalb der Befehlsleiste der Script-Bereich, in dem das Scripting eingegeben werden soll. Es gibt hier sehr viele Eingabemöglichkeiten. Ich selber verwende seit Jahren fast ausschließlich die Ereignisse FORM:READY und DOCREADY und benutze meine *Script-Schnipsel* ausschließlich in JAVASCRIPT. Damit kann man gut die meisten der Anforderungen umsetzen und kommt mit einem Formular aus. Sie können sich hier gern noch weiterbilden und auch mit der Sprache FormCalc Scriptings erzeugen.

Script-Sprache am Objekt

Beachten Sie bitte, dass jedes Objekt mit nur einer Script-Sprache bearbeitet werden kann. Wenn an einem Objekt bereits ein FormCalc-Coding, egal mit welchem Ereignis, hinterlegt ist, kann man kein JavaScript-Coding zusätzlich am gleichen Objekt einarbeiten.

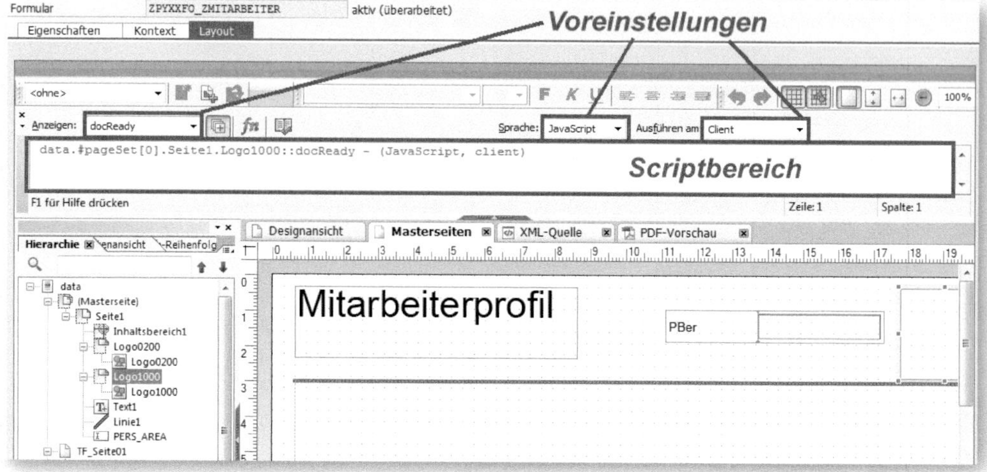

Abbildung 6.8: Script-Bereich

Sie sehen in den markierten Feldern von Abbildung 6.8 Voreinstellungen, die Sie einrichten können, damit Sie nicht immer die von Ihnen bevorzugten Konfigurationen vornehmen müssen.

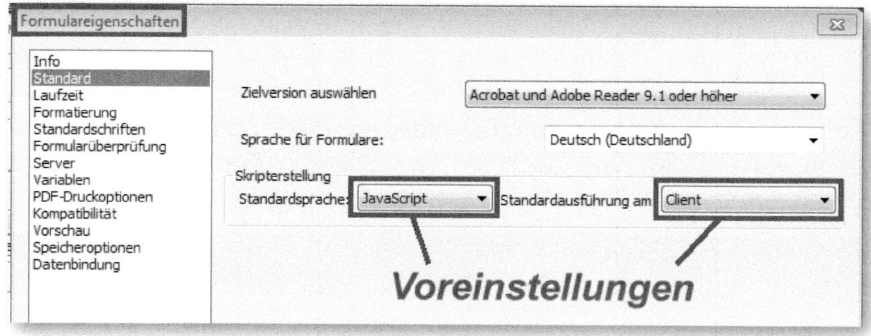

Abbildung 6.9: Voreinstellungen für Script-Bereich

In den FORMULAREIGENSCHAFTEN (siehe Abbildung 6.9) – dort, wo Sie auch die Vorschaudatei eingerichtet haben (vgl. Abbildung 5.68) – nehmen Sie diese Voreinstellungen vor.

In diesem Fall wählen Sie **JavaScript** als Scripting-Sprache und die Ausführung am **Client**, was bedeutet, dass die Ausführungen der

Scriptings auf der Rechnerseite und nicht auf einem Server stattfinden sollen. Sind diese Einstellungen vorgenommen, können Sie mit dem Scripting beginnen. Die Aufgabenstellung ist:

- Ist der Personalbereich 0200, dann zeige das Logo im Teilformular Logo0200.
- ist der Personalbereich 1000, dann zeige das Logo im Teilformular Logo1000.

Es folgt nun Ihr erster Script-Schnipsel, den Sie immer wieder verwenden können. Markieren Sie das Feld, in dem der Parameterwert gebildet wird, und tragen Sie im Script-Bereich Folgendes ein:

```
if(this.rawValue == "0200")
Logo0200.presence = "visible";
```

Scripting-Regeln

Achten Sie immer darauf, dass Sie die sogenannte *Syntax* einhalten. Wenn Sie z. B. statt **if** einfach **If** mit Großbuchstaben schreiben, wird das Script nicht funktionieren. Auch die Objektbezeichnungen sind strikt einzuhalten. **logo0200** würde nicht funktionieren, da es **Logo0200** benannt ist. Der Wert **rawValue** kann nur so und nicht als **Rawvalue** abgefragt werden. Möchten Sie sich im Script-Bereich etwas als Notiz hinterlegen, verwenden sie am Anfang der Zeile **//**, um sicherzugehen, dass mit dieser Eingabe nichts im Formular ausgelöst wird: z. B.: `//Aufruf Logo0200`.

»Übersetzt« bedeutet das Scripting Folgendes:

Wenn (**if**) der Wert (**rawValue**) dieses Objektes (**this**) gleich (**==**) 0200 ist (**»0200«**), dann (neue Zeile) soll die Präsenz (**presence**) des Objektes (Teilformular **Logo0200**) sichtbar (**»visible«**) sein. Ende (**;**)

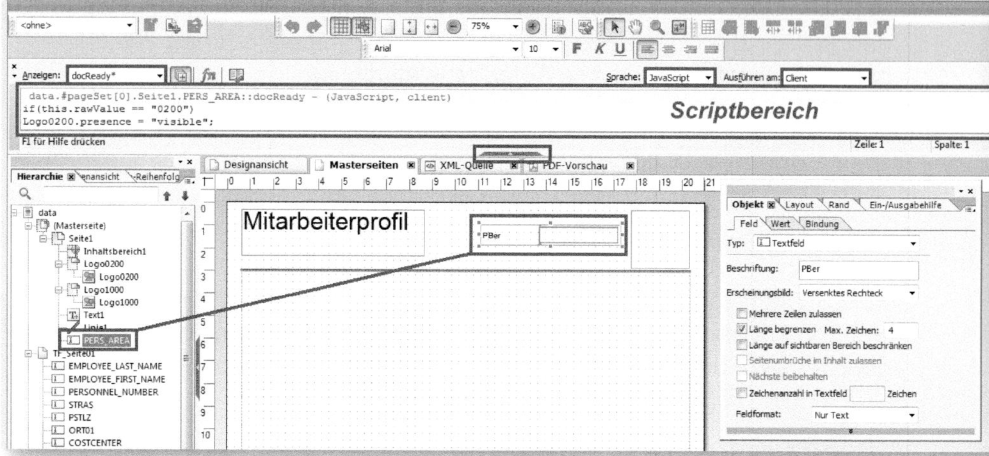

Abbildung 6.10: Scripting am Feld »Personalbereich«

In Abbildung 6.10 sehen Sie das für den Wert 0200 eingegebene Scripting. Analog dazu müssen Sie jetzt das Scripting für den Wert 1000 in genau der gleichen Weise ergänzen.

```
if(this.rawValue == "1000")
Logo1000.presence = "visible";
```

Abbildung 6.11 zeigt Ihnen das vollständige Script zur Logosteuerung.

Anzeigen: Ereignisse mit Skripte   Sprache: JavaScript

```
data.#pageSet[0].Seite1.PERS_AREA::docReady - (JavaScript, client)
if(this.rawValue == "0200")
Logo0200.presence = "visible";
if(this.rawValue == "1000")
Logo1000.presence = "visible";
```

F1 für Hilfe drücken

Abbildung 6.11: Vollständiges Script für Logosteuerung

Überprüfen Sie das Ergebnis mit der Vorschaudatei. Sie können eine bereits erstellte Vorschaudatei, siehe Abschnitt 5.7, für den Personalbereich 0200 bzw. den Personalbereich Ihrer Testperson verwenden. Für die Anzeige des anderen Logos haben Sie keine Vorschaudatei. Das ist kein Problem. Entweder Sie testen es mit dem Aufruf des Druckprogramms oder Sie erzeugen sich eine weitere Vorschaudatei. Beachten Sie, dass Sie in den Formulareigenschaften die Vorschaudateien jeweils neu einstellen müssen (vgl. Abschnitte 5.7 und 5.8).

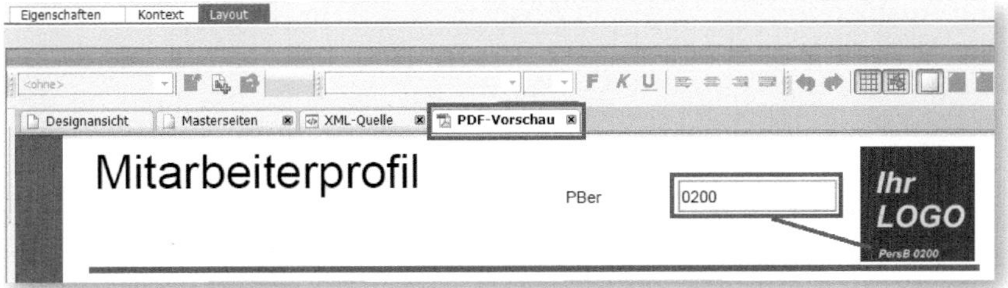

Abbildung 6.12: Vorschau Logo Personalbereich 0200

In Abbildung 6.12 sieht der Formularkopf doch schon einmal sehr gut aus. Die Prüfung mit dem Mitarbeiter, der organisatorisch dem Personalbereich 1000 zugeordnet ist, sollte dann entsprechend Abbildung 6.13 aussehen.

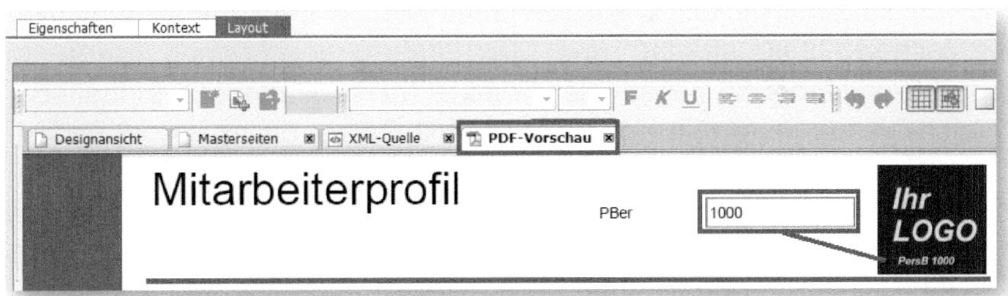

Abbildung 6.13: Vorschau Logo Personalbereich 1000

Wenn es bei Ihnen genauso aussieht, haben Sie alles richtig gemacht.

6.2 Objekte ein- und ausblenden

Wie man Bildobjekte, die von Teilformularen umhüllt sind, mittels eines Parameterfeldes in einem Objekt ein- und ausblenden kann, haben Sie nun schon kennengelernt. Ich möchte Ihnen mit einem anderen Beispiel zeigen, wie man mithilfe dieser *Zweizeiler* ganze Tabellen oder Teile von Tabellen im Formular einfach ein- und ausblenden kann. Die Technik ist fast genau die gleiche wie beim Ein- und Ausblenden der Logos in Abschnitt 6.1.2. In diesem Fall werden die Anforderungen allerdings etwas anders sein und sollen Ihnen zeigen, wie Sie technisch am besten auf die Anforderungen an das Formular reagieren können.

6.2.1 Tabelle ohne Werte ausblenden

Sie haben in Ihrem Formular »Mitarbeiterprofil« eine Tabelle eingerichtet, in der Datumsangaben aufgelistet werden. Die neue Anforderung soll nun sein, dass die Tabelle ausgeblendet wird, wenn keine Datumsangaben für den Mitarbeiter hinterlegt sind. Eine leere Tabelle wie in Abbildung 6.14 anzuzeigen, erscheint ja auch wenig sinnvoll. Diese Anforderung in einem Formular umzusetzen, erfordert noch einen kurzen Rückblick auf Abschnitt 4.1, in dem der Unterschied zwischen Designansicht und Masterseite beschrieben wurde. In der Designansicht liegen die Objekte im sogenannten »Inhaltsbereich«, und dieser füllt sich so lange mit Daten, bis er voll ist und einen Seitenumbruch erzeugt. Programmtechnisch werden die vorhandenen Felder von oben nach unten abgearbeitet. In unserem Fall soll die erste Herausforderung sein, die Tabelle auszublenden, wenn keine Daten vorhanden sind.

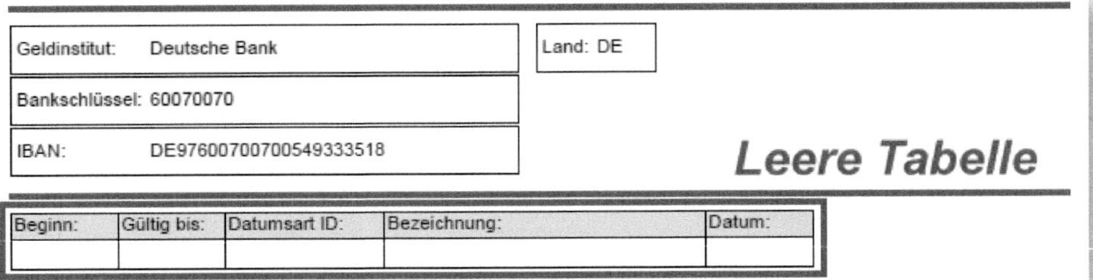

Abbildung 6.14: Leere Tabelle

Um das erforderliche Scripting einzugeben, müssen Sie sich nun ein Feld aussuchen, das den Parameterwert »leer« beinhaltet, um diesen als Auslöser für den Zweizeiler zu verwenden. Das Feld DATUM erscheint hier sinnvoll, denn wenn kein Datensatz geliefert wird, wird dieses Feld mit Sicherheit leer sein. Das Feld hat also nicht den Wert »0« oder »0,00«, sondern ist leer, was Script-technisch den Parameterwert *null* bedeutet. Sie markieren das Feld DATUM, kontrollieren, ob in der SCRIPT-LEISTE die Werte für JAVASCRIPT mit Ausführung am CLIENT eingestellt ist, wählen als Ereignis FORM:READY aus und positionieren den Mauszeiger in den Script-Bereich.

Der Zweizeiler sieht nun wie folgt aus:

```
if(this.rawValue == null)
Datumsarten.presence = "invisible";
```

Übersetzt bedeutet das: Wenn der Wert des Feldes DATUM gleich *null*, also leer ist, dann soll die Präsenz (**presence**) der Tabelle DATUMSARTEN (auf Groß- und Kleinschreibung achten!!) unsichtbar (**invisible**) sein. Das Ergebnis sollte so aussehen wie in Abbildung 6.15.

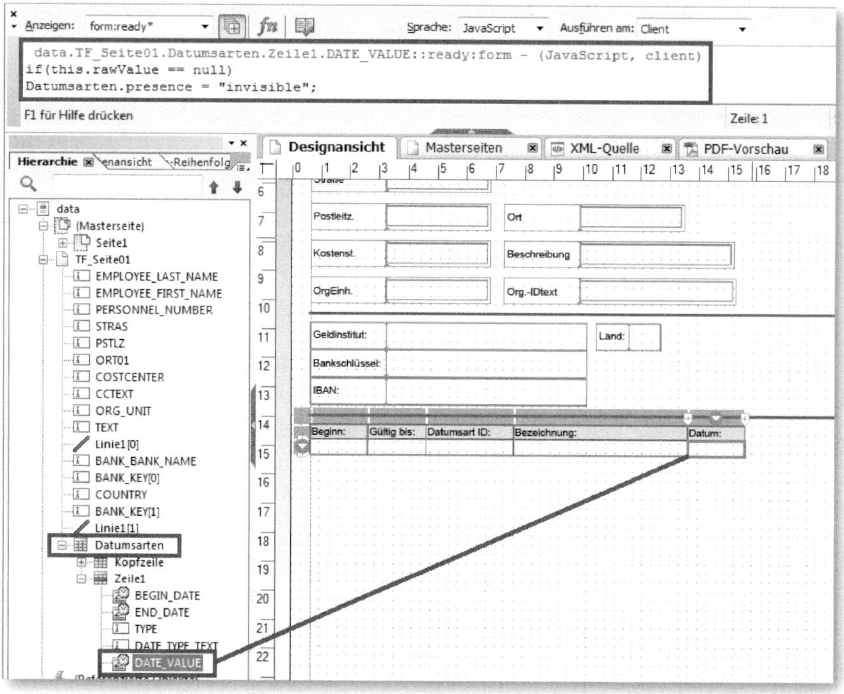

```
data.TF_Seite01.Datumsarten.Zeile1.DATE_VALUE::ready:form - (JavaScript, client)
if(this.rawValue == null)
Datumsarten.presence = "invisible";
```

Abbildung 6.15: Scripting leere Tabelle

Objektbezeichnungen im Scripting

Denken Sie daran: Wenn im Scripting Objektbezeichnungen eingegeben werden, müssen die Bezeichnungen immer exakt so geschrieben werden, wie sie in der *Hierarchie* angelegt worden sind. Die kleinste Abweichung führt dazu, dass das Scripting nicht ausgeführt wird.

Wenn Sie nun die Kontrolle durchführen, müssen Sie natürlich eine Testperson wählen, die keine Datumsangaben im INFOTYP 0041 hat. Das Ergebnis sollte Abbildung 6.16 entsprechen.

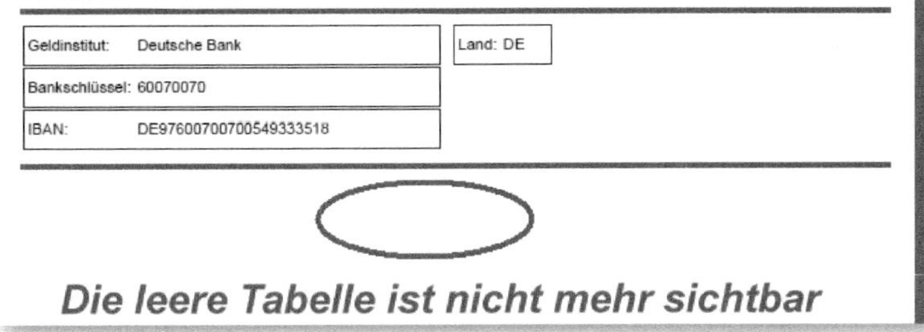

Abbildung 6.16: Erfolgreiches Scripting bei leerer Tabelle

Sie sehen, das Scripting mit den Zweizeilern funktioniert ganz einfach und lässt sich problemlos auf Felder und Tabellen anwenden. Probieren Sie es aus und legen Sie Ihre Scripting-Schnipsel irgendwo ab, damit Sie sie immer zur Hand haben.

6.3 Mehrere Tabellen im Inhaltsbereich

Wir verlassen das interessante Thema »Ein- und Ausblenden von Objekten« sowie die hilfreichen Zweizeiler und wenden uns nun einem weiteren, sehr wichtigen Thema zu: dem Verhalten von mehreren Tabellen im Inhaltsbereich. Damit Sie dieses Thema an Ihrem Formular nachvollziehen können, gibt es dazu eine Übungsaufgabe:

Erweiterung »Mitarbeiterprofil« um eine Tabelle

Sie ergänzen Ihr Formular um eine Tabelle mit dem Namen »Abwesenheiten«. Dazu erweitern Sie Ihr InfoNet, wie in Abschnitt 3.4.1 beschrieben, um den InfoStar STAR_ABSENCE. Danach übertragen Sie diesen Star in den Kontext, indem Sie ihn aus dem Bereich der Schnittstelle per Drag & Drop in den Formularkontext-Bereich übertragen und unterhalb des Stars STAR_ITY_DATE_SPEC einfügen. Das haben Sie bereits einmal im Abschnitt 3.4.3 durchgeführt. Vergessen Sie nicht, dass Ihre Anpassungen erst wirksam werden, wenn Sie die Formularbereiche **aktiviert** haben.

Im Formular legen Sie nun eine neue Tabelle mit sieben Spalten an und positionieren sie unterhalb der Tabelle mit den Datumsarten. Stellen Sie eine Datenverbindung (vgl. Abschnitt 5.6) zu den folgenden Datenfeldern her:

- **QUOTA_TYPE_KEY-BEGDA = Beginndatum**
- **QUOTA_TYPE_KEY_ENDA= Endedatum**
- **QUOTA_TYPE= Abwesenheitsart-ID**
- **QUOTATYPE_TEXT= Abwesenheitsbezeichnung**
- **ENTITLEMENT= Kontingent**
- **DEDUCTION= Abtragung**
- **REST= Rest**

Bitte benennen Sie auch die Felder in der Kopfleiste.

Die einzelnen Schritte habe ich Ihnen nachfolgend mit Screenshots zusammengestellt:

1. MetaStar in das InfoNet übertragen (Abbildung 6.17)

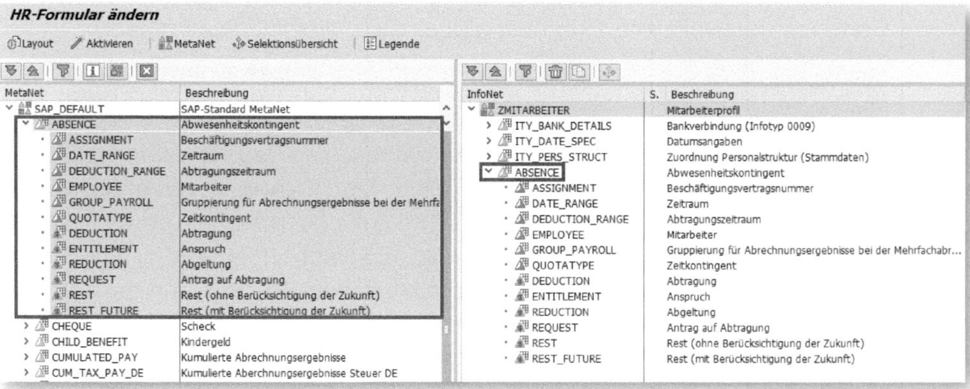

Abbildung 6.17: MetaStar übertragen

2. InfoStar in den Formularkontext einfügen (Abbildung 6.18)

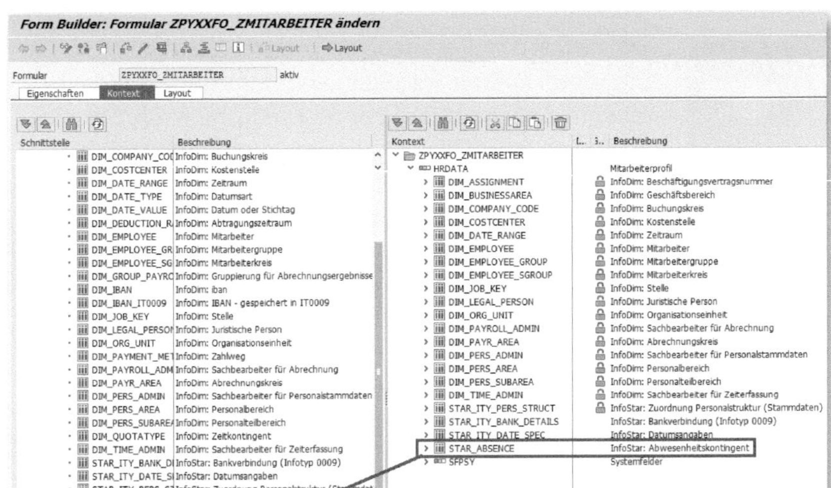

Abbildung 6.18: InfoStar in Formularkontext übertragen

3. Tabelle im Formular einrichten (Abbildung 6.19)

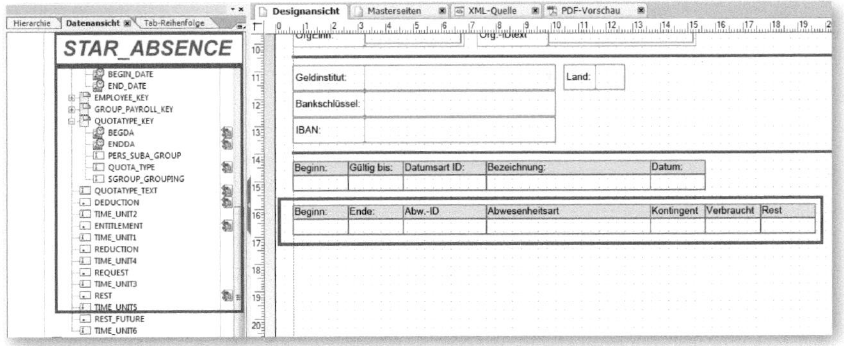

Abbildung 6.19: Tabelle einrichten

Wichtig ist, dass Sie zum Schluss das Formular sichern, die Schnittstelle aktivieren und dann das gesamte Formular noch einmal aktivieren, damit alle Bestandteile auf dem neuesten Stand sind.

Datenvorschaudatei nach Formularerweiterung

Sie haben Ihr Formular im InfoNet erweitert, indem Sie einen neuen InfoStar eingefügt haben. Wie bereits im Abschnitt 5.7 beschrieben, müssen Sie sich nun eine neue Vorschaudatei erzeugen, damit Sie die dazugehörigen Daten in Ihrem Formular in der PDF-Ansicht sehen können. Um Daten der Abwesenheiten anzeigen zu können, müssen Sie sich nun eine Testperson aussuchen, die auch über Abwesenheiten verfügt. Da Sie auf dem Entwicklungssystem sind, können Sie bedenkenlos Daten hinterlegen. Die Abwesenheiten legen Sie im *Infotyp 2001 Abwesenheiten* an. Die Aufstellungen der erfolgten Abtragungen gegen Abwesenheitskontingente prüfen Sie im *Infotyp 2006 Abwesenheitskontingente*.

Wenn Sie die neue Tabelle so eingerichtet haben, wie in Abbildung 6.19 angezeigt, werden Sie nach dem Aufruf der Vorschaudatei schon bemerkt haben, dass etwas nicht stimmen kann. Vermutlich sieht Ihr Formular im Bereich der beiden Tabellen wie in Abbildung 6.20 aus.

Bankschlüssel: 60070070

IBAN: DE97600700700549333518

Beginn:	Gültig bis:	Datumsart ID:	Bezeichnung:	Datum:
01.01.2015	31.12.9999	01	techn. Eintrittsdat.	*01.01.2012*
01.01.2015	31.12.9999	03	Eintr. Pensionskasse	*01.01.2012*
01.01.2015	31.12.9999	50	Eintritt Dienstjahr	*01.01.2000*

Beginn:	Ende:	Abw.-ID	Abwesenheitsart	Kontingent	Verbraucht	Rest
[illegible]	[illegible]	[illegible]	Tarifurlaub	*30*	0	30
01.01.2015	31.12.2015	10	Tarifurlaub	*30*	12	18
01.01.2016	31.12.2017	10	Tarifurlaub	*30*	0	30

Abbildung 6.20: Sich überschneidende Tabellen

Wieder einmal muss ich gestehen, dass ich Sie mit Absicht an diesen Punkt geführt habe, um Ihnen die Wichtigkeit des Themas »Mehrere Tabellen im Inhaltsbereich« aufzuzeigen. Die grundsätzliche Funktionalität des Inhaltsbereiches haben Sie bereits in Abschnitt 4.1 kennengelernt:

- In der Designansicht füllt sich der Inhaltsbereich so lange, bis er voll ist, und erzeugt eine neue Seite.
- Er wird vom Programm, das die Werte der Datenfelder in die Formularfelder überträgt, von oben nach unten abgearbeitet.

Das sind die Hauptfunktionen des Inhaltsbereichs – sie haben offensichtlich auch richtig funktioniert, denn die Tabellen sind ordentlich gefüllt. Also macht das Programm das, was es machen soll. Allerdings müssen die Tabellen noch voneinander getrennt werden, damit sie sich nicht überschreiben. Das ist der wichtige Schritt, den Sie noch in Ihrem Formular durchführen müssen. Wieder ist der Weg (Sie erinnern sich an unsere Aufgabe der zwei Logos), die Tabellen als Erstes jeweils mit einem *Teilformular* zu umschließen, um ihre Trennung zu erreichen.

6.3.1 Teilformular

Sie haben *Teilformulare* bereits kennengelernt; die Definition finden Sie im Abschnitt 4.1. Bei den beiden Tabellen setzen Sie es zu deren Trennung ein. An der Datenbindung ändert sich dabei nichts, und da sich alle Objekte der Tabelle innerhalb eines Teilformulars befinden, bleibt auch das Scripting davon unberührt. Das Teilformular ermöglicht uns außerdem, zusätzliche Objekte einzufügen, wie zum Beispiel einen Titel oder einen Abstandhalter. Zum Einfügen zusätzlicher Objekte in ein Teilformular kommen wir später in Abschnitt 6.3.2.

Abbildung 6.21 zeigt, wie beide mit einem *Teilformular* umschlossenen Tabellen in Ihrem Formulareditor aussehen.

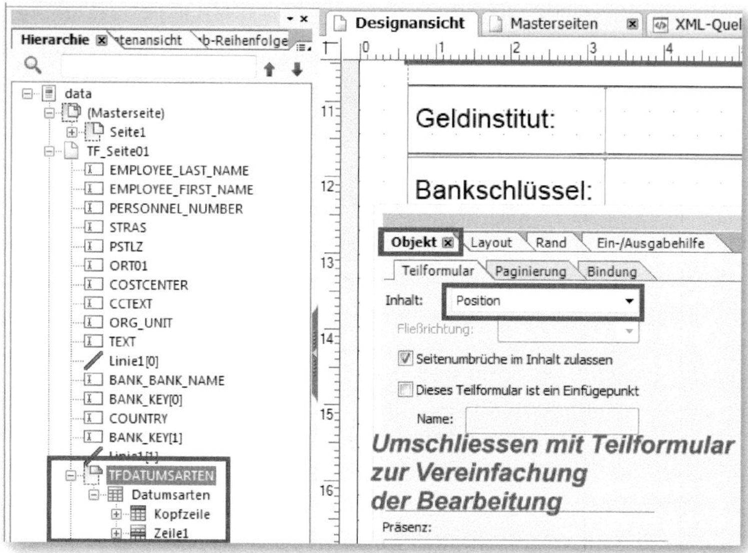

Abbildung 6.21: Tabelle im Teilformular

Sie sehen in der Palette OBJEKT des Teilformulars in dem Feld INHALT den Begriff **Position**. Dieser bedeutet, dass der Inhalt fest positioniert ist.

Haben Sie beide Tabellen je mit einem Teilformular umschlossen, ist die Trennung der beiden Objekte erreicht. Nun kommt der entscheidende Vorgang, damit die beiden Tabellen auch getrennt bleiben und die erste Tabelle bei der Befüllung mit Daten nicht die zweite Tabelle nach unten schiebt: Beide Tabellen werden nun **gemeinsam** mit einem Teilformular umschlossen. Die Eigenschaft des Inhaltes dieses Teilformulars wird allerdings nicht auf **Position**, sondern auf **Textfluss** gestellt. Weiterhin lassen wir im Teilformular einen SEITENUMBRUCH zu (siehe Abbildung 6.22), damit, falls der Inhaltsbereich nicht ausreicht, die Tabellen auf der nächsten Seite weiter gefüllt werden können.

Abbildung 6.22: Teilformular mit Textfluss

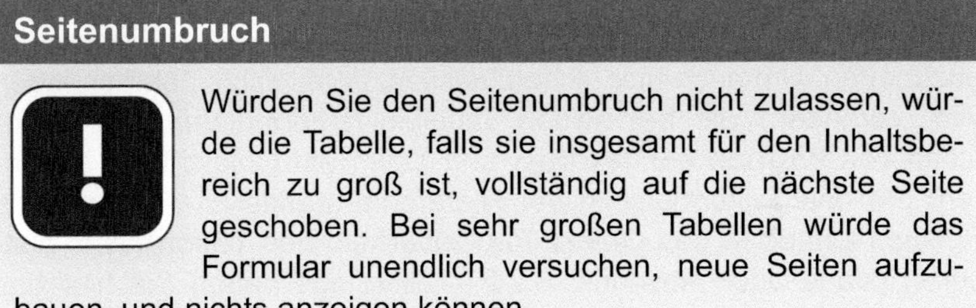

Seitenumbruch

Würden Sie den Seitenumbruch nicht zulassen, würde die Tabelle, falls sie insgesamt für den Inhaltsbereich zu groß ist, vollständig auf die nächste Seite geschoben. Bei sehr großen Tabellen würde das Formular unendlich versuchen, neue Seiten aufzubauen, und nichts anzeigen können.

Das Ergebnis im Formular sollte nun so aussehen wie in der Abbildung 6.23.

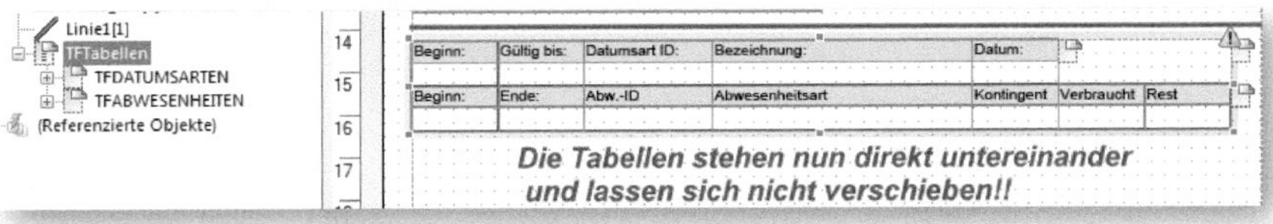

Abbildung 6.23: Tabellen umschlossen mit Teilformular

Rekapitulieren wir noch einmal, was wir bisher gemacht haben: Die Ausgangssituation war die, dass sich die Tabellen DATUMSARTEN und ABWESENHEITEN überschrieben haben. Die Tabellen wurden voneinander getrennt, indem jede Tabelle mit einem Teilformular umschlossen wurde. Das allein reichte aber nicht aus, um das Überschreiben zu verhindern, da die Teilformulare der Tabellen mit der Eigenschaft POSITION im Inhaltsbereich platziert sind. Würde man die Eigenschaft beider Tabellen auf TEXTFLUSS ändern, hätte dies keine Auswirkung auf das Überschreiben, da sich diese Einstellung immer auf das bezieht, was im Objekt selber passiert. Durch Umschließen beider Teilformulare der Tabellen mit einem Teilformular mit der Eigenschaft TEXTFLUSS wird erreicht, dass die Tabellen sich tatsächlich trennen und nacheinander (im Textfluss) angezeigt werden. Den Seitenumbruch zuzulassen ist zwingend, da selten bekannt ist, wie viele Daten in einer Tabelle landen.

6.3.2 Titel und Platzhalter

Das Umschließen der Tabellen mit einem Teilformular ermöglicht es Ihnen des Weiteren, einen Titel oder Platzhalter in das Teilformular einzubauen. Um auch hier sicherzustellen, dass nichts überschrieben wird, verändern Sie bei beiden Tabellen-Teilformularen die Eigenschaft von **Position** auf **Textfluss** und fügen ein Objekt TEXT ein, indem Sie das Teilformular in der Hierarchie markieren und über die Funktion EINFÜGEN das Objekt TEXT innerhalb des Teilformulars platzieren (siehe auch Abschnitt 5.2.2 – allerdings hatten Sie hier das Objekt aus der Objektbibliothek übertragen). Mit der in Abbildung 6.24 beschriebenen Funktion können Sie ebenfalls Objekte in Ihr Formular übertragen, das Ergebnis ist das gleiche.

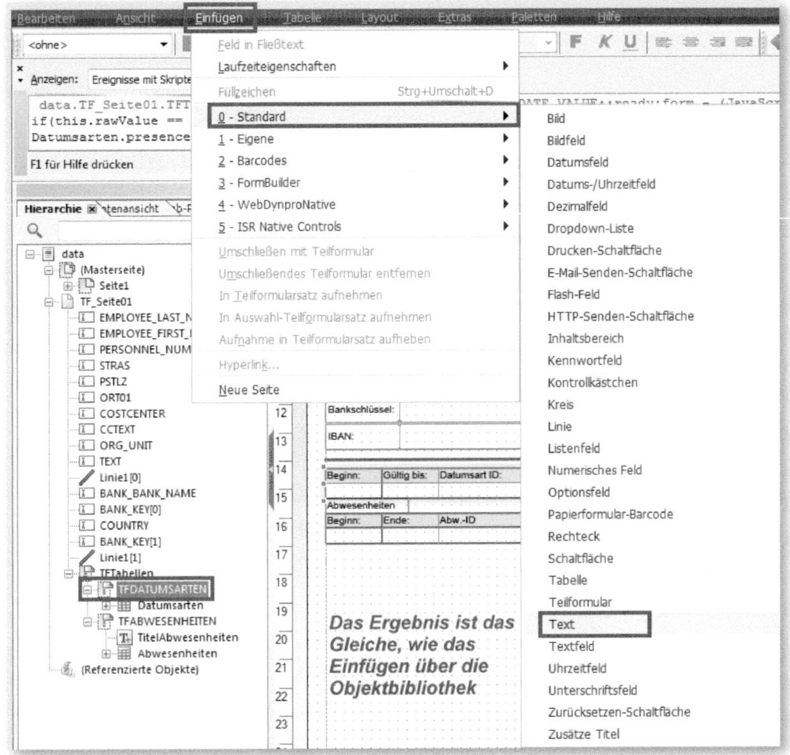

Abbildung 6.24: Objekte über Menüleiste einfügen

Ordnet sich das Textfeld oberhalb der Tabelle ein, haben Sie Glück gehabt. Ist es unterhalb der Tabelle, müssen Sie es innerhalb des Teilformulars nach oben schieben. Das funktioniert ganz einfach, indem Sie in der HIERARCHIE das Textfeld mit der Maustaste markieren und die Taste gedrückt halten. Schieben Sie es nun vorsichtig nach oben, bis es oberhalb der Tabelle steht und ein Balken anzeigt, dass es hier abgelegt werden kann. Lassen Sie die Maustaste los, und das Objekt ist an der richtigen Stelle (siehe Abbildung 6.25).

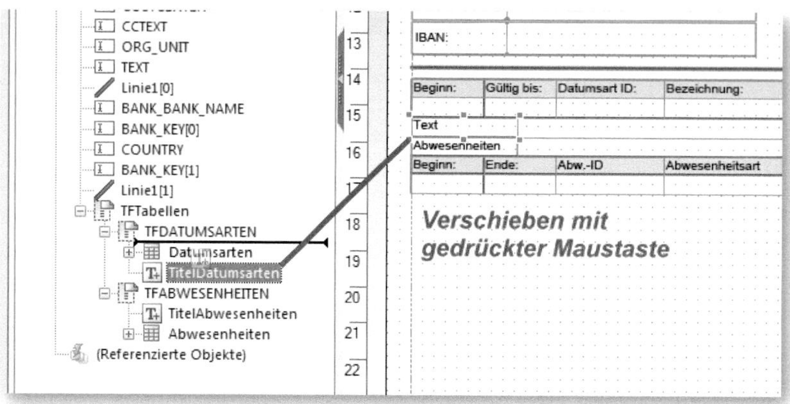

Abbildung 6.25: Objekte verschieben

Klicken Sie nun in das Textfeld und fügen Sie den gewünschten Titel ein. Wenn Sie anschließend die PDF-Ansicht wählen, haben Sie die in Abbildung 6.26 gezeigte Darstellung.

Datumsarten

Beginn:	Gültig bis:	Datumsart ID:	Bezeichnung:	Datum:
01.01.2015	31.12.9999	01	techn. Eintrittsdat.	*01.01.2012*
01.01.2015	31.12.9999	03	Eintr. Pensionskasse	*01.01.2012*
01.01.2015	31.12.9999	12	Ersteintritt (EU)	*01.01.1999*
01.01.2015	31.12.9999	50	Eintritt Dienstjahr	*01.01.2000*

Abwesenheiten

Beginn:	Ende:	Abw.-ID	Abwesenheitsart	Kontingent	Verbraucht	Rest
01.01.2012	31.12.2012	10	Tarifurlaub	30	0	30
01.01.2015	31.12.2015	10	Tarifurlaub	30	12	18
01.01.2016	31.12.2017	10	Tarifurlaub	30	0	30

Abbildung 6.26: Ansicht Tabellenanordnung

Sie können noch weitere Objekte in das Formular integrieren. Allerdings müssen diese alle ausnahmslos in das Teilformular eingebaut werden, in dem sich die beiden Tabellen befinden. Positionieren Sie die Objekte außerhalb dieses Teilformulars, wird das Objekt überschrieben.

Textfluss im Formular

Bei jedem Formular muss man sich in der Konzeptionsphase Gedanken darüber machen, welche Daten an einer bestimmten Stelle und nur einmal mit dem aktuellen Wert angezeigt werden sollen und in welchen Objekten, wie zum Beispiel in Tabellen, die Anzahl der anzuzeigenden Datensätze variieren kann. Empfehlenswert ist die Vorgehensweise, alle festen, einmalig auftretenden Werte in einem oberen Bereich und die Werte in Tabellen in den unteren Bereich des Formulars zu positionieren, weil nach unten durch den Seitenumbruch immer genug Platz vorhanden ist. Eine zweite Methode ist der Einsatz eines einzigen *Teilformulars* mit der Objekteigenschaft TEXTFLUSS. Das hat allerdings den Nachteil, dass bei den Objekten, in denen die Werte nur einmal vorkommen, mit einer großen Anzahl von Abstandhaltern gearbeitet werden muss, um das Layout »schön« zu gestalten.

6.4 Paginierung

Die offizielle Definition des Begriffs *Paginierung* lautet meist wie folgt:

Die Paginierung ist die Seitennummerierung eines Schriftstückes, meist in der Kopf- bzw. in der Fußzeile. Die Zahlen werden dabei oft mittig oder außen (bei einseitigen Schriftstücken also mittig oder rechts) gestellt. Zusätzlich kann die Seitennummer auch durch die Seitenzahl (die Gesamtzahl der Seiten) ergänzt werden. (Quelle: Wikipedia, Seitenaufruf 15.08.2017)

Im Layout-Editor ist die Funktion des Reiters PAGINIERUNG etwas umfangreicher. Wenn Sie in Ihrem Formular das Teilformular SEITE1 anklicken und auf den Reiter PAGINIERUNG gehen, passt die Definition noch (siehe Abbildung 6.27).

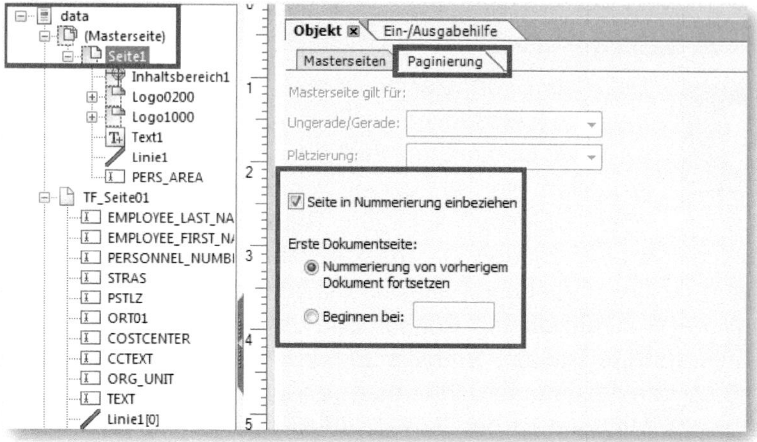

Abbildung 6.27: Einfache Paginierung

Die Einstellung SEITE IN NUMMERIERUNG EINBEZIEHEN und die Einstellung für den Beginn der Seitenzählung sind im Standard vorgegeben und sollten nicht geändert werden.

Wenn Sie aber für das Teilformular TF_SEITE01 auf den Reiter PAGINIERUNG gehen (Abbildung 6.28), sieht die Sache schon etwas anders aus.

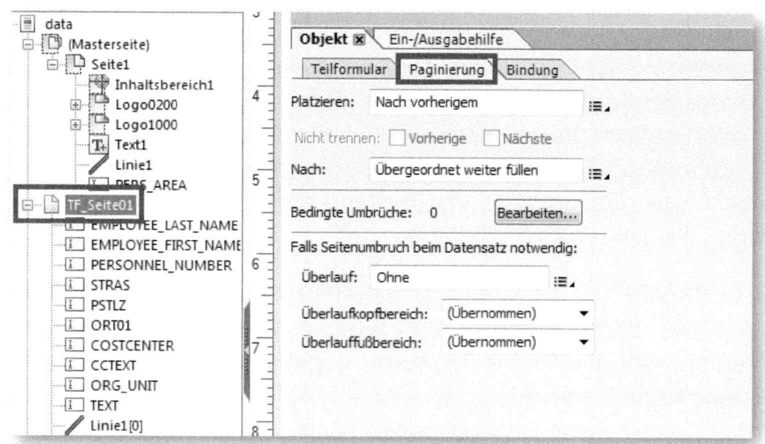

Abbildung 6.28: Komplexe Paginierung

Komplexe Paginierung

Die komplexe Paginierung einzustellen, ist meist nur bei sehr umfangreichen Formularen notwendig. Sie sollten aber einige Funktionen kennen, um auf spezielle Anforderungen, wie etwa die Seitenumbrüche betreffend, reagieren zu können. Es kann durchaus einmal vorkommen, dass Inhalte nicht einfach auf die nächste Seite, sondern in einen anderen Inhaltsbereich geschrieben werden sollen. Dies setzt natürlich voraus, dass Sie mehrere Inhaltsbereiche angelegt haben. Mehrere Inhaltsbereiche werden benötigt, wenn man z. B. auch mehrere Masterseiten angelegt hat. Paginierungsvarianten sind dann fast unbegrenzt und hängen in jedem Fall von der Komplexität des Formulars ab.

Wenn Sie im Reiter PAGINIERUNG die jeweiligen Suchhilfen der angebotenen Felder öffnen, bieten sich Ihnen viele Einstellmöglichkeiten, von denen ich Ihnen die wichtigsten Funktionen im Überblick vorstelle:

Platzierung – legt fest, wo das Teilformular im Formular eingesetzt werden soll.

Nach vorherigem – platziert das Teilformular nach dem vorherigen Objekt im übergeordneten Teilformular.

Im Inhaltsbereich und **Name** des Inhaltsbereichs – platziert das Teilformular im angegebenen Inhaltsbereich.

Anfang des nächsten Inhaltsbereichs – platziert das Teilformular am Anfang des nächsten Inhaltsbereichs.

Auf Seite und **Name** der Seite – platziert das Teilformular auf der angegebenen Seite (fügt einen Seitenumbruch ein, wenn dieser nicht automatisch vorgenommen wird).

Anfang der nächsten Seite – platziert das Teilformular am Anfang der nächsten Seite (fügt einen Seitenumbruch ein, wenn dieser nicht automatisch vorgenommen wird).

Anfang der Seite und **Name** der Seite – platziert das Teilformular am Anfang der Seite, sobald die angegebene Seite wiedergegeben wird (fügt einen Seitenumbruch ein, wenn dieser nicht automatisch vorgenommen wird).

Gehe zum nächsten Inhaltsbereich – startet das Füllen des nächsten Inhaltsbereichs.

Gehe zum Inhaltsbereich und **Name** des Inhaltsbereichs – startet das Füllen des angegebenen Inhaltsbereichs.

Gehe zur nächsten Seite – startet das Füllen der nächsten Seite.

Gehe zu Seite und **Name** der Seite – startet das Füllen der angegebenen Seite.

Diese Funktionen kommen nur dann zum Einsatz, wenn Sie sehr komplexe Formulare bauen. Die kurzen Erläuterungen hierzu sollen Sie nur darauf hinweisen, dass es diese Möglichkeiten gibt.

Die komplette Auflistung aller Paginierungsoptionen finden Sie auf der Adobe Help Website unter diesem Link: *http://help.adobe.com/de_DE/enterpriseplatform/10.0/DesignerHelp/WS92d06802c76abadb-728f46ac129b395660c-7ca7.html.*

6.5 Wenn Felder in HR FORMS fehlen

Es wird immer wieder passieren: Eine Anforderung bedarf der Ausgabe eines Feldes, das nicht in dem Datenangebot von HR FORMS verfügbar ist. Ein Beispiel hierfür kann sein, dass der Fachbereich den Eintritt des Mitarbeiters im Konzern nicht in einer Datumsart im Infotyp 0041 gepflegt hat, sondern im *Infotyp 0016 Vertragsdaten* im Feld Eintritt Konzern. Das kann jetzt ein Fall für den Kollegen aus der Programmierabteilung sein, oder Sie machen sich selbst an eine Programmierung in der Schnittstelle. Ähnlich wie bei den Zweizeilern gibt es durchaus für Nicht-Programmierer die Möglichkeit, eigenhändig Datenfelder zur Verfügung zu stellen. Allerdings beziehen sich die nächsten Schritte ausschließlich auf Datenfelder, die in den normalen Infotyp-Datentabellen enthalten sind. Diese Datentabellen sind in der Tabellensuche mit der Transaktion **SE16** leicht zu finden. Ein Tabellenname setzt sich immer aus dem Präfix »PA« und der Nummer des Infotyps zusammen. Also heißt die Tabelle für den Infotyp 0016 Vertragsdaten = PA0016.

Wenn Sie sich einmal den Infotyp 0016 Vertragsdaten im Änderungsmodus aufrufen, finden Sie das Feld EINTRITT KONZERN im unterem Bereich EINTRITT (Abbildung 6.29).

Abbildung 6.29: Feld in Infotyp 0016 Vertragsdaten

Die Feldbezeichnung **Eintritt Konzern** ist nicht der technische Name des Feldes; diesen müssen Sie noch herausbekommen. Das geht einfach, indem Sie auf das Feld mit der rechten Maustaste drücken und danach entweder auf HILFE oder [F1] klicken (Abbildung 6.30).

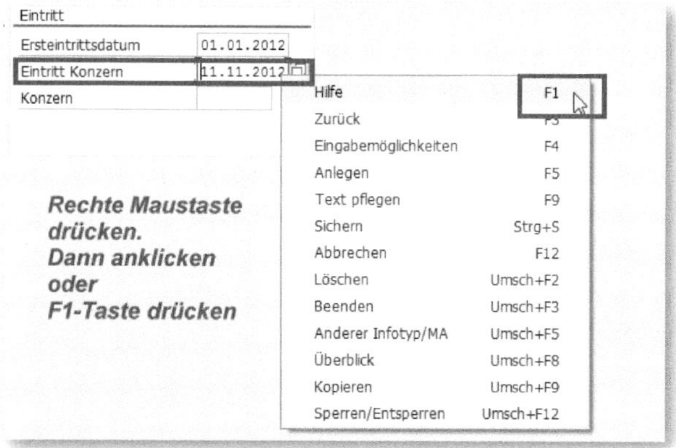

Abbildung 6.30: F1-Hilfe im Datenfeld

Es erscheint eine kleine Dokumentation über die Verwendung des Feldes (Abbildung 6.31).

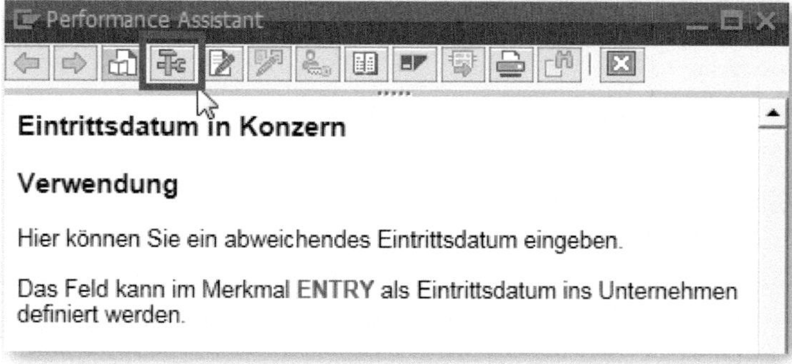

Abbildung 6.31: Felddokumentation

Sie interessiert aber nur die technische Information zum Feld und klicken daher auf das Symbol [icon], um an diese Angabe heranzukommen.

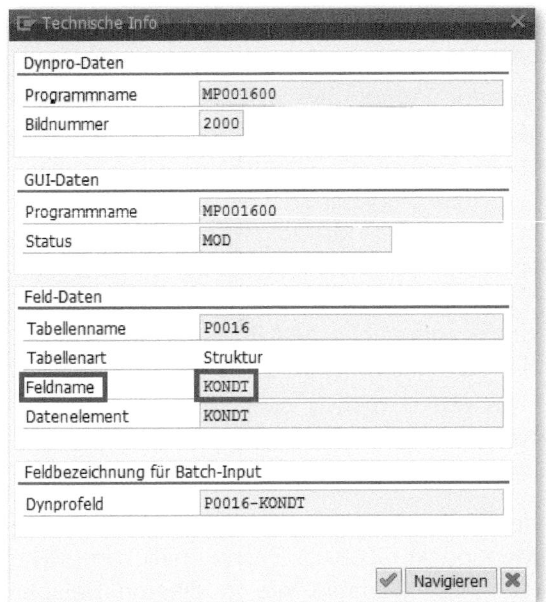

Abbildung 6.32: Technischer Name des Feldes

Abbildung 6.32 zeigt die Information, die Sie brauchen: Der technische Name des Feldes ist **KONDT**. Sie finden in der technischen Information auch den richtigen Tabellennamen **PA0016**. Jetzt sind Sie bereit für den nächsten Schritt.

Dafür entführe ich Sie wieder in die Transaktion **SFP** (den Form Builder), die Sie bereits im Abschnitt 3.6.3 kennengelernt haben. Mit ihr haben Sie die Schnittstelle für das Formular zur Bearbeitung angepasst, und hier werden Sie jetzt auch das gewünschte Feld in der Schnittelle anlegen. In dieser Transaktion befinden Sie sich nicht direkt in einer Entwicklungsumgebung, benötigen auch keinen Entwicklerschlüssel, und die erforderlichen Einträge in der Schnittstelle lassen sich an fast alle Infotypentabellen anpassen. Sie können diese Vorgehensweise also für fast jedes gewünschte Feld wiederholen, indem Sie lediglich den Tabellennamen und den technischen Namen des Feldes anpassen. In der Entwicklungsumgebung muss der Programmierer Felder »deklarieren«. In der Umgebung von **SFP** müssen Sie das zwar auch, aber es geht viel einfacher.

Schnittstelle in SFP bearbeiten

Der Form Builder verfügt über wirklich geniale Funktionen, die im Hintergrund das, was man eingibt, als ABAP-Code im Programm hinterlegen. Hier schließen sich zu den Funktionen der Umgebung **HR FORMS** die Funktionen der Umgebung **SFP** nahtlos an und unterstützen den Nichtprogrammierer bei der Umsetzung der Anforderungen im Formular. Es gelten natürlich die Syntax-Anforderungen der Programmiersprache ABAP. Deren Einhaltung wird aber dem Anwender sehr leicht gemacht, weil bei Fehlern sogar vorgeschlagen wird, wie es richtig sein sollte. Mit etwas Übung lassen sich darüber etliche Anforderungen umsetzen.

Die Datendeklaration findet in der SFP-Umgebung statt. Diese wird erreicht, indem Sie den Menüpunkt GLOBALE DATEN anklicken (siehe Abbildung 6.33) und dort »Ihre« Variable wie in diesem Beispiel **Z_KONDT** benennen. Im Hintergrund wird dies nun von der Anwendung/vom Form Builder in entsprechendes ABAP-Coding übersetzt.

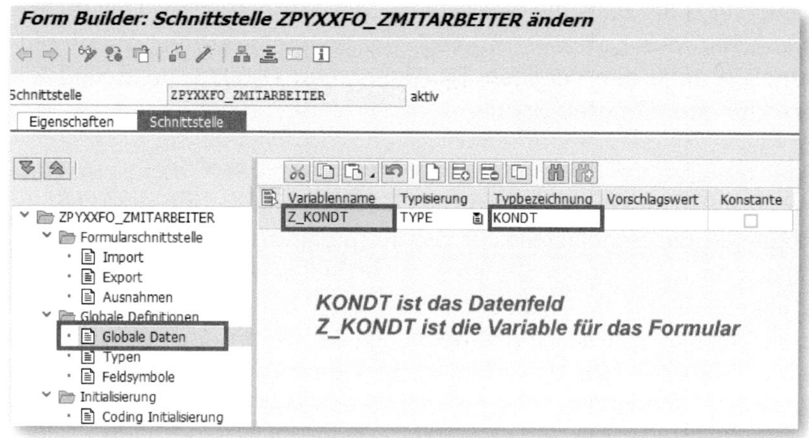

Abbildung 6.33: Variable einrichten in SFP

Damit Sie sehen können, wie eine Variable in ABAP angelegt wird, zeige ich Ihnen das Coding am Beispiel der Variablen für die Personalnummer und das Systemdatum. Diese Deklaration können Sie später mitverwenden, denn es wird immer um Daten gehen, bei denen die Personalnummer als Parameter für die Auswahl der richtigen Daten dient und das Datum für die Auswahl der richtigen Datensätze verwendet wird.

Nun kommt der Moment der Eingabe des Codings, wie in Abbildung 6.34 gut zu erkennen.

- ZPYXXFO_ZMITARBEITER
  - Formularschnittstelle
    - Import
    - Export
    - Ausnahmen
  - Globale Definitionen
    - Globale Daten
    - Typen
    - Feldsymbole
  - Initialisierung
    - Coding Initialisierung
    - Formroutinen
  - Währungs-/Mengenfelder
    - Währungs-/Mengenfelder

```
******************************************
*WKANNGIEßER
*25.6.2017
*Feld KONDT für Mitarbeiterprofil bereitstellen
******************************************
*Datendeklaration
DATA:
      wa_employee LIKE LINE OF hrdata-dim_employee,
      ld_datum type d.
*Sicherstellen, dass der aktuellste Datensatz gewählt wird.
LOOP AT hrdata-dim_employee INTO WA_EMPLOYEE
  WHERE key-begda <= sy-datum and key-endda >= sy-datum.
  exit.
ENDLOOP.

ld_datum = sy-datum.
SELECT single kondt FROM pa0016 INTO z_kondt
    WHERE pernr EQ wa_employee-key-personnel_number
    AND begda <= ld_datum
    and endda >= ld_datum.
```

Abbildung 6.34: Coding in der Schnittstelle

Beispiel-Coding

Das Beispiel-Coding kann auch für andere Datenfelder verwendet werden. Es müssen lediglich die Tabelle und der technische Name des Datenfeldes angepasst werden. Bei der Datumsangabe kann nicht nur das SY-DATUM, also das aktuelle Systemdatum, verwendet werden. Es können auch Datumsangaben aus anderen *InfoStars* zum Einsatz kommen. Hier kann Ihnen ein netter Programmierkollege sicher bei der Erstellung der ersten Codings helfen.

Ich werde Ihnen das einmal »übersetzen«. In den ersten Zeilen lege ich die Datenfelder für die Personalnummer der Dimension EMPLOYEE fest (`wa_employee`). Diese Info-Dimension ist ja schon in der Schnittstelle vorhanden. Ich will außerdem das Feld ld_datum benutzen, um mir den aktuellsten Datensatz anzeigen zu lassen. Deswegen muss ich zusätzlich hinterlegen, dass es sich bei dem Feld ld-datum um ein Datumsfeld handelt (type D).

```
DATA:
wa_employee LIKE LINE OF hrdata-dim_employee,
ld_datum type d.
```

In den nächsten Zeilen gehe ich (LOOP AT) über die Daten-Dimension EMPLOYEE, um dort den aktuellsten Datensatz zu erhalten.

```
*Sicherstellen, dass der aktuellste Datensatz gewählt
wird.
LOOP AT hrdata-dim_employee INTO WA_EMPLOYEE
  WHERE key-begda <= sy-datum and key-endda >= sy-datum.
  exit.
ENDLOOP.
```

Das BEGINNDATUM des Datensatzes soll gleich oder kleiner als das aktuelle Datum sein. Das ENDEDATUM soll gleich oder größer als das aktuelle Datum (sy-datum) sein. So habe ich den aktuellsten Datensatz ausgewählt. Nun muss ich noch in die Tabelle mit den Werten aus dem Infotyp 0016 Vertragsdaten.

```
ld_datum = sy-datum.
SELECT single kondt FROM pa0016 INTO z_kondt
WHERE pernr EQ wa_employee-key-personnel_number
AND begda <= ld_datum
and endda >= ld_datum.
```

Wieder übersetze ich ziemlich frei: Nimm aus der Tabelle des Infotyps 0016 (pa0016), wo die Personalnummer dieselbe (EQ) wie die aus der Dimension EMPLOYEE ist (wa_employee), den Wert aus dem Daten-Feld kondt und lege ihn in das Variablen-Feld z_kondt.

So in etwa hat es mir mein Programmierer-Kollege erklärt. Mit dieser Erklärung konnte ich bisher immer gut leben, denn dieses Coding habe ich mir in meinen Unterlagen gespeichert und konnte es sehr oft erfolgreich auch auf andere Felder aus anderen Infotyptabellen anwenden.

Sie müssen der Schnittstelle noch mitteilen, dass sie das Feld **Z_KONDT** als AUSGABE bzw. Datenfeld im Formularkontext bereitstellen soll. Dies geschieht ganz einfach, indem Sie das Feld bei den AUSGABEPARAMETERN noch einmal angeben (siehe Abbildung 6.35).

ZPYXXFO_ZMITARBEITER
Formularschnittstelle
Import
Export
Ausnahmen
Globale Definitionen
Globale Daten
Typen
Feldsymbole
Initialisierung
Coding Initialisierung
Formroutinen
Währungs-/Mengenfelder
Währungs-/Mengenfelder

Eingabeparameter

Ausgabeparameter
Z_KONDT

```
*****************************************
*WKANNGIESER
*25.6.2017
*Feld KONDT für Mitarbeiterprofil bereitstellen
*****************************************
*Datendeklaration
DATA:
      wa_employee LIKE LINE OF hrdata-dim_employee,
      ld_datum type d.
*Sicherstellen, dass der aktuellste Datensatz gewählt wird.
LOOP AT hrdata-dim_employee INTO WA_EMPLOYEE
  WHERE key-begda <= sy-datum and key-endda >= sy-datum.
  exit.
ENDLOOP.
```

Abbildung 6.35: Ausgabeparameter

Das ist deswegen so wichtig, weil nach dem Aktivieren der Schnittstelle mit dem Aktivierungsbutton (das berühmte Streichholz nicht vergessen!) dieses Feld für Sie in der Umgebung HR FORMS im Bereich der Schnittstelle zur Übernahme in den KONTEXT bereitsteht (siehe Abbildung 6.36).

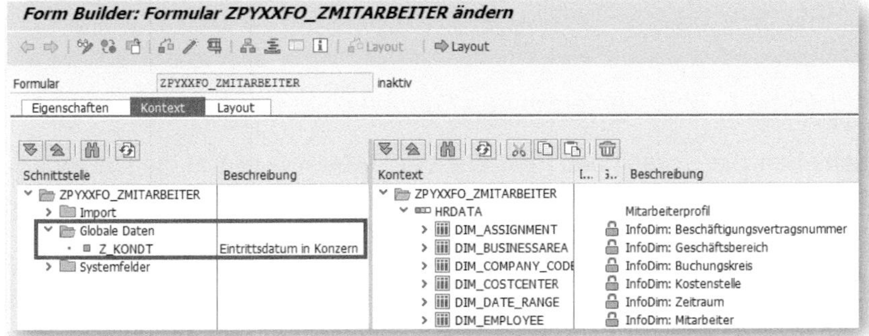

Abbildung 6.36: Globale Daten in der Schnittstelle

Wie im Abschnitt 3.4.3 beschrieben, können Sie nun das Feld per Drag & Drop in den Formularkontext verschieben (siehe Abbildung 6.37). Es steht Ihnen daraufhin im Formulareditor zur Verknüpfung mit einem Formularfeld zur Verfügung. Auch das haben Sie bereits mehrfach erfolgreich durchgeführt (vgl. Abschnitt 5.2.5).

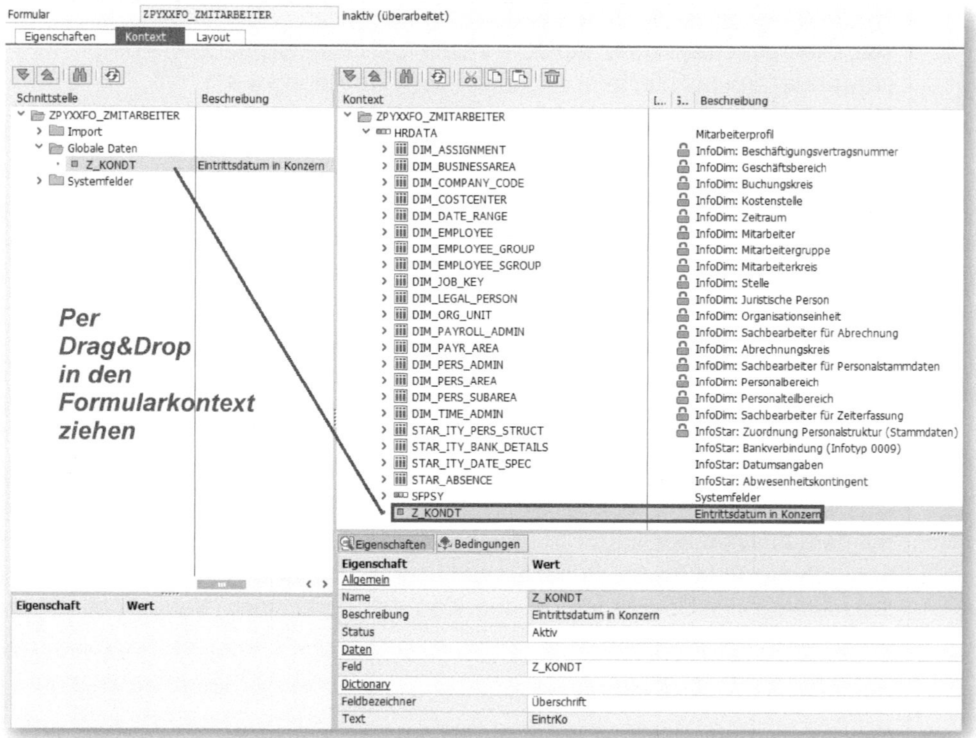

Abbildung 6.37: Datenfeld in den Formularkontext übertragen

Schieben Sie einfach das Feld aus der DATENANSICHT in die DESIGNANSICHT, wo auch schon die anderen Formularfelder stehen, siehe Abbildung 6.38, und lassen Sie es an der gewünschten Stelle fallen.

Sie markieren das Formularobjekt und über die Palette OBJEKT passen Sie die gewünschte Position sowie Höhe, Breite und Darstellung an. Ändern Sie die Beschriftung und das Erscheinungsbild (siehe Abbildung 6.39) wie bereits durchgeführt, sodass es in das Layout Ihres Formulars passt.

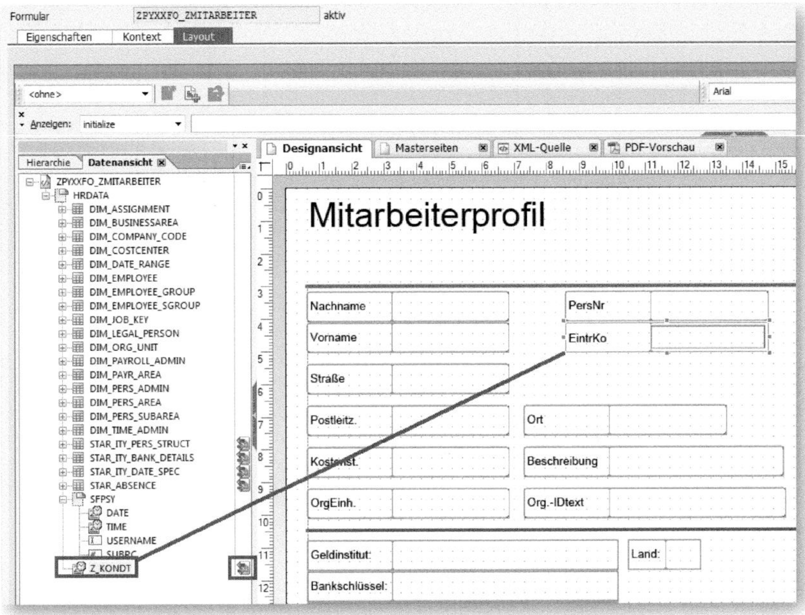

Abbildung 6.38: Datenfeld in Formulareditor übertragen

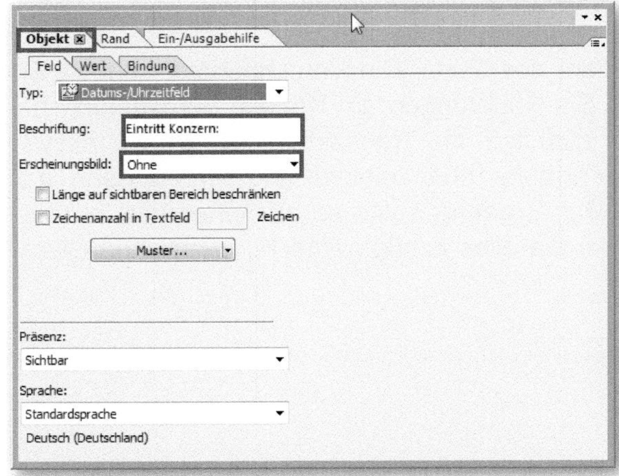

Abbildung 6.39: Objekt-Darstellung anpassen

In meinem Formular habe ich mich für ein Erscheinungsbild **ohne** Voreinstellungen entschieden. Einen RAND um die Felder habe ich ebenfalls angelegt, und da »runde Ecken« schön aussehen, habe ich diese Einstellungen ebenfalls vorgenommen. Wenn Sie diese Formatierungen mit Ihren Formularfelder auch machen wollen, orientieren Sie sich an Abbildung 6.40.

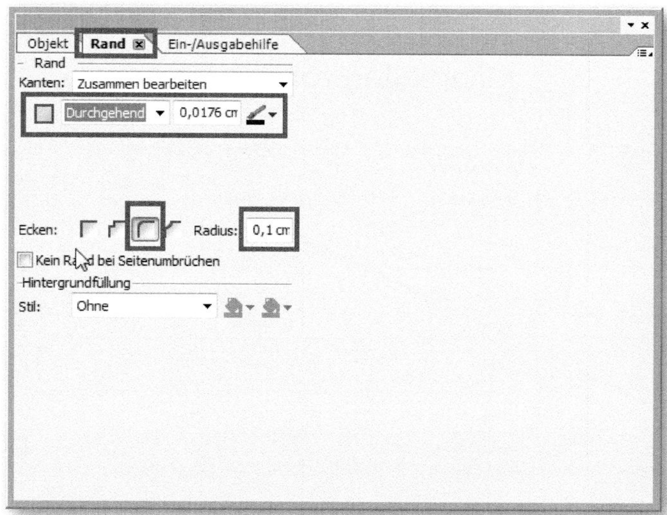

Abbildung 6.40: Palette »Rand« einrichten

Jetzt kommt der Moment des Tests. Die Vorschaudatei können Sie nicht verwenden, weil Sie Änderungen am Kontext durchgeführt haben. Sie gehen daher zurück in die Transaktion **HR FORMS**, aktivieren am besten das Formular noch einmal und führen dann das Druckprogramm aus. Das Ergebnis sollte so aussehen wie in Abbildung 6.41. Dann haben Sie alles richtig gemacht. Herzlichen Glückwunsch!!

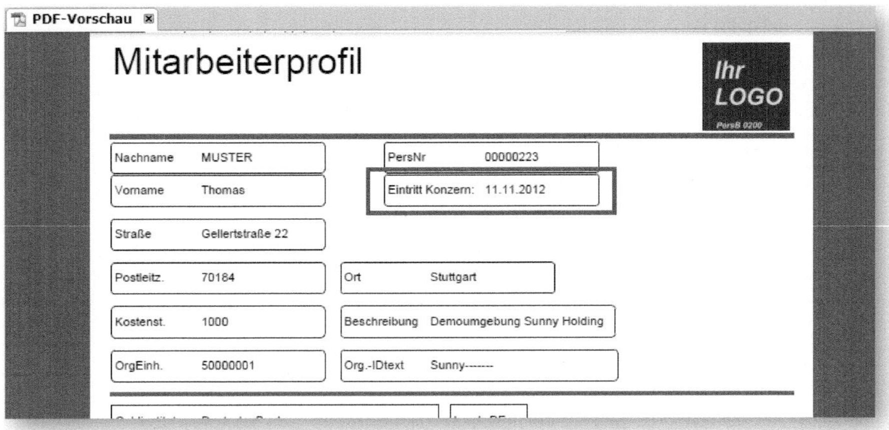

Abbildung 6.41: Formular mit Feld »Eintritt Konzern«

Auch wenn Ihr Formular vielleicht nicht ganz so aussieht, haben Sie viel geschafft und sich mit dem Thema HR FORMS intensiv auseinandergesetzt. Bleiben Sie, sofern es Ihr Arbeitsaufkommen zulässt, am Ball und arbeiten Sie weiter an Ihrem Projekt »Mitarbeiterprofil«.

7 Fazit

Sie haben, wenn Sie sich durch dieses Buch mit seinen vielen Hinweisen und wichtigen Detailbeschreibungen gearbeitet haben, eine Menge an Informationen zum Thema »HR FORMS in SAP HCM« erhalten. Die Transaktion **HR FORMS**, von der man vielleicht mal im Zusammenhang mit den SmartForms und dem Form Builder gehört hat, birgt viel mehr Möglichkeiten, als Sie sich vermutlich gedacht haben. Einmal in das Thema eingetaucht und mit viel Geduld von Palette zu Palette gearbeitet, kann es sogar ein kleines Hobby werden. Ich hoffe, ich konnte Sie davon überzeugen, sich noch mehr und intensiver mit den dargestellten Techniken und Möglichkeiten zu befassen.

HR FORMS bzw. Adobe-Formulare werden auch in der immer schneller wachsenden Cloud-Welt mit den *SaaS(Systems as a Service)*-Funktionalitäten ihren Platz haben. Nicht zu vergessen ist die Tatsache, dass die bestehenden Tools und Programme, die von den Anwendern bereits im eigenen System installiert sind und weiter betrieben werden, mindestens noch bis 2025 und mit Sicherheit – meiner persönlichen Meinung nach – noch weit darüber hinaus im Einsatz bleiben werden.

Ich hoffe, dass es zu diesem Thema noch weitere interessante Werke von Kollegen geben wird, die Ihnen bei der Arbeit mit Adobe-Formularen, auch über die Funktionalität HR FORMS hinaus, wertvolle Tipps und Hinweise geben werden.

... und nie das Aktivieren vergessen!!

8 Links und Bücher

Sie können jederzeit im Formulareditor die F1-Taste drücken. Das ist am Anfang nie verkehrt und kann später oft hilfreich sein, wenn man über die Hilfe-Funktion an etwas erinnert wird, was vielleicht in Vergessenheit geraten ist.

Das **WEB** bietet natürlich auch jede Menge Informationen und Hilfen zum Adobe LiveCycle Designer.

- Die Transaktion **HR FORMS** werden Sie eher in den Entwicklerforen finden. Hier ist es wahrscheinlich, dass Sie die Lösung für ein Problem finden, das sich mit einem SAP-Standard-Formular, also Entgeltnachweis oder Zeitnachweis, beschäftigt.
https://wiki.scn.sap.com/wiki/display/WHP
- Bei Adobe finden Sie in vielen Fällen wertvolle Beiträge unter:
https://forums.adobe.com/community/livecycle
- Eine umfangreiche Dokumentation gibt es hier zu begutachten:
https://www.adobe.com/support/documentation/de/livecycle/documentation.html
- Für Entwickler, die sich auch mit dem Formular beschäftigen, ist folgender Link hilfreich und informativ:
http://www.adobe.com/devnet/livecycle.html

Man stößt allerdings nicht immer gleich beim ersten Versuch auf die Lösung des Problems. Ich empfehle daher, sich mit einem Entwicklerkollegen zusammenzusetzen und ein Formularprojekt als Team durchzuführen. Man kann sich wirklich gut ergänzen, viel vom anderen lernen. Ihr Unternehmen hat auch etwas davon, wenn mehr Mitarbeiter als nur eine Person Kenntnisse in diesem Umfeld aufbauen.

Zu diesem Thema gibt es außerdem einige sehr gute **Bücher**. Sie beschäftigen sich mit sehr interessanten Themen rund um den Adobe LiveCycle Designer im Umfeld von SAP HCM:

- Ulrich Bähr: LiveCycle Designer ES2 und SAP Interactive Forms-Scripting für Nichtprogrammierer, erschienen 2012 im mitp-Verlag. ISBN 978-3-8362-1634-0
- Ulrich Bähr & Axel Treusch: Praxisbuch SAP Interactive Forms und Adobe LiveCycle Designer, erschienen 2016 im Verlag Espresso Tutorials GmbH. ISBN: 978-3-9601-2700-0
- Marcel Schmiechen: Adobe Interactive Forms – Interaktive Formulare in SAP, erschienen 2016 im Verlag Espresso Tutorials GmbH. ISBN: 978-3-9601-2571-6

Sie haben das Buch gelesen und sind mit unserem Werk zufrieden? Bitte schreiben Sie uns eine Rezension!

Unser Newsletter

Wir informieren Sie über Neuerscheinungen und exklusive Gratisdownloads in unserem Newsletter.

Melden Sie sich noch heute an unter *http://newsletter.espresso-tutorials.com*

A Der Autor

Wolf Kanngießer hat sich nach seinem Abitur, einer kaufmännischen Lehre zum Bürokaufmann und einem berufsbegleitendem BWL-Studium (an der VWA) bei verschiedenen Großunternehmen der Autovermietungsbranche vom Verkaufsrepräsentanten zum Vertriebsleiter Deutschland entwickelt. Parallel dazu war er lange Zeit als Trainer für Vertriebs-, Kommunikations- und Verhaltenstraining tätig.

1998 entschied sich Wolf Kanngießer für eine Zertifizierungsschulung im Bereich SAP HCM und war zunächst freiberuflich als HR-Berater tätig. Im Jahr 2002 schloss er sich als Berater der hcc human capital consulting GmbH an, die 2007 in die KWP team HR GmbH (heute KWP INSIDE HR GmbH) aufgenommen wurde. Hier wurde er später zum Prokuristen ernannt und nahm auch andere Aufgaben im Unternehmen wahr. Schwerpunkt seiner Arbeit war zunächst die HR-Einführung bei unterschiedlichen Großkonzernen. Seit Anfang 2008 bis heute ist er als Senior Consultant für die Bereiche Digitale Personalakte, Dokumentenerzeugung in SAP HCM und Adobe Printformulare tätig.

B Index

C Disclaimer

Weitere Bücher von Espresso Tutorials

Ulrich Bähr, Axel Treusch:

Praxisbuch SAP® Interactive Forms und Adobe LiveCycle Designer

- Adobe-Produktwelt und PDF-Typen verstehen
- grafische und Eingabeobjekte – die Bausteine eines Formulars
- XDP-Templates anlegen, einrichten, ex- und importieren
- effektiv arbeiten durch Wiederverwendung

http://5158.espresso-tutorials.de

Marcel Schmiechen:

Adobe® Interactive Forms – Interaktive Formulare in SAP®

- aktuellste Formulartechnologie von SAP
- interaktive Formulare in Geschäftsprozesse einbinden
- Dynamisierung von Formularen mittels JavaScript
- Performance-Analyse und -Optimierung

http://5125.espresso-tutorials.com

Corinna Zollmann:

Praxishandbuch SAPscript für SAP® ERP

- Schritt-für-Schritt-Anleitung für SAPscript-Einsteiger
- Hilfe für das Zusammenspiel von Druckprogramm, Layout und Texten
- Tipps und Tricks für die Analyse und Fehlersuche
- ergänzende Videoanleitungen

http://5075.espresso-tutorials.com

Martin Munzel & Jörg Siebert:

Schnelleinstieg in SAP®

- Navigieren in SAP
- Transaktionen, Stammdaten und Prozesse
- Einfache, nachvollziehbare Beispiele

http://5006.espresso-tutorials.com

Antje Kunz:

SAP® Legacy System Migration Workbench (LSMW)

- Datenmigration ohne Programmierung
- Ausführliche Praxisbeispiele
- SAP LSMW verständlich erklärt
- Tipps und Tricks für eine erfolgreiche Datenmigration

http://5030.espresso-tutorials.com